인류 역사상 가장 중요한 수학책

가 제1권 (상)

제2판

기하학원론

평면기하

유클리드 지음 이무현 옮김

KYOWOO

머리말

유클리드가 쓴 [기하학 원론]은 인류 역사상 가장 중요한 수학책이다. 이는 논란의 여지가 없는 사실이다. [기하학 원론]이 왜 이토록 중요한가?

유클리드는 이집트 알렉산드리아에서 활동한 수학자이며, 서기전 300년 무렵에 사망하였다. 그 당시 알렉산드리아는 범그리스 제국에 속하였으며, 그리스의 철학, 수학, 천문학이 집대성되는 지식의 용광로였다. 유클리드가 당시 그리스의 수학 지식을 모두 모아서 체계적으로 분석하고 정리한 것이 [기하학 원론]이다. 기하학 뿐만이 아니라 비율, 약수, 배수, 서로 남남, 홑수, 완전수, 무리수 등등 수학의 모든 내용을 포괄적으로 담고 있다. 그 후 오늘날에 이르기까지 모든 수학을 지배하고 있는 수학의 근본 설계도가 바로 [기하학 원론]이다.

로마 제국이 멸망한 이후, 정작 유럽 본토에서 [기하학 원론]은 구해 보기가 어렵게 되었으며, 중동 이슬람 문화권에서 오히려 [기하학 원론]이 널리 보급되었다. 그 이후 중세 말, 르네상스 시대가 되면서, [기하학 원론]은 중동에서 유럽으로 역수입되었다. 처음에는 필사본으로서 보급되었으며, 최초의 인쇄본은 1482년에 이탈리아 베네치아에서 출판되었다. 그 후 수백 년 동안 유럽의 여러 국가, 여러 수학자들이 [기하학 원론]을 번역, 출판하여서, 온갖 다양한 판본들이 존재하게 되었으며, 그 내용도 일부 누락되거나 추가되는 등등 혼선이 빚어졌다.

다행히 영국의 토마스 히드가 그 모든 판본들을 종합, 참조하여서, [기하학 원론]을 영어로 번역, 출판하였다. 히드는 고대 그리스 수학에 관한 최고의 권위자로서, 유클리드, 아르키메데스, 아폴로니우스 등등 고대 그리스의 위대한 수학자들의 중요한 저작들을 번역, 출판하였다. 히드가 출판한 [기하학 원론]은 가히 [기하학 원론]의 최종적, 종합적 완결판이라 할 수 있다.

히드는 [기하학 원론]의 그리스어 원전은 물론이고, 많은 번역자, 편찬가들의 다양한 해석과 주석을 종합해 놓았다. 게다가 플라톤, 아리스토텔레스 등등 고대 철학자들의 다양한 저술들을 참조하여서, [기하학 원론]의 온갖 내용들에 관한 심오한 수학사적, 철학적 배경들을 다루어 놓았다. 이는 물론 고대 그리스 철학에 대한 심오한 지식을 갖추고 있는 히드만이 할 수 있는 일이며, [기하학 원론]을 더욱 풍성하고 값어치 있게 만들어주고 있다. 독자 여러분들은 이 책을 읽으면서, 히드의 심오하고 방대한 지식에 경탄을 금치 못할 것이다.

유클리드의 [기하학 원론]은 전부 13권으로 구성되어 있다.

제 1권에는 기하학의 기본 용어들에 대한 정의와 유클리드 기하학의 근본이 되는 공리들이 제시되어 있다. 1권의 내용 중에 가장 중요하고 가장 크게 논란이 된 부분은 평행선 공리인 '공리 5'이다. 후대의 수학자들은 2,000여 년 이상의 세월에 걸쳐서, 공리 5를 증명하려고 시도를 하였다. 그러나 비유클리드 기하학이 모순 없이 성립함이 밝혀지면서, 공리 5는 '증명할 수 없음'이 증명되었다. 바꿔 말하면, 유클리드가 평행선 공리를 공리로서 채택한 것은 올바른 결정이었다. 히드는 공리 5와 관련된 많은 수학자들의 증명 시도와 그 의의를 상세하고 일목요연하게 소개해 놓았다.

1권에서 그 다음으로 중요한 내용은 '피타고라스의 정리'이다. 유클리드는 독창적인 방법으로 피타고라스의 정리를 증명해 놓았는데, 그의 증명 방법은 오늘날에도 피타고라스의 정리를 증명하는 표준 방법으로서 가장 널리 사용되고 있다. 히드는 피타고라스의 정리의 기원과 그 역사, 유클리드가 새로운 증명 방법을 발견해야 했던 이유를 소상하게 설명해 놓았다.

제 2권에서는 이른바 '기하학적 대수학'을 도입해 놓았다. 오늘날 우리들은 알파벳을 사용하여 미지수를 나타내는 편리한 방법으로 대수학을 공부하지만, 이러한 기법이 도입된 것은 불과 수백 년 전이다. 그 이전에는 다른 방법으로 대수학을 연구해야 했는데, 고대 그리스에서는 고도로 발달한 기하학을 사용하여 대수학을 연구하였다. 2권은 그 내용을 담고 있다. 제 3권은 원의 성질을 다루고 있으며, 제 4권은 원에 내접, 외접하는 다각형을 다루고 있다.

제 5권은 비율 및 비례식을 다루고 있는데, 비율을 정의한 정의 5는 [기하학 원론]의 전체 내용 중에 평행선 공리에 이어 두 번째로 많은 논란과 혼동을 초래하였다. 그렇지만 사실 유클리드의 정의 5는 완벽하고 올바른 정의였다. 후대 수학자들이 혼란스러워한 까닭은, 그들의 노력과 이해력이 부족했기 때문이었다. 유클리드의 이 정의는 유리수의 조밀성을 사용하여 무리수 및 실수 체계를 예비해 주고 있다. 히드는 이 모든 사항들을 잘 정리하여 설명해 주고 있다. 제 6권은 닮은꼴 도형들을 다루고 있는데, 기하학적 대수학을 사용하여 이차방정식의 근의 공식을 제시하고 있다.

제 7권은 정수론을 다루고 있다. 홀수, 약수, 배수 등등을 다루고 있으며, 최대공약수, 최소공배수를 찾는 유클리드의 알고리듬을 제시해 놓았다. 제 8권은 정수들의 기하 수열을 다루고 있다. 제 9권은 7

권, 8권의 내용들을 사용하여서, 홀수와 완전수를 다루어 놓았다. 근대의 많은 수학자들은 9권의 내용에 매혹되어서, 정수론 연구에 매달렸다.

제 10권은 무리수를 다루고 있다. 무리수를 처음 발견한 것은 피타고라스 학파였다. 피타고라스의 정리는 변의 길이가 1인 정사각형의 대각선이 무리수라는 필연의 결과를 낳고 말았으며, 이는 엄청난 충격과 공포를 초래하였다. 그러나 차츰 세월이 흘러가면서, 수학자들은 무리수라는 괴물을 분석하고 연구하기 시작하였다. 10권은 유클리드의 시대에 이르기까지의 그 연구 결과물이라고 하겠다.

제 11권에서는 입체 도형이 등장하여서, 삼차원 공간의 기하학을 다루기 시작한다. 제 12권에서는 이른바 '소진법'을 사용하여서, 입체 도형의 부피를 다루고 있다. 소진법은 정적분의 기본 기법이며, 유클리드 직후 세대의 수학자인 아르키메데스는 소진법을 사용하여서 구의 부피와 겉넓이 등을 구하였다. 제 13권에서는 다섯 개의 정다면체들을 소개해 놓았다.

오늘날과 같이 수학이 발달한 시대에, 우리 수학자들에게 [기하학 원론]이 왜 꼭 필요한가?

첫째, [기하학 원론]은 살아 있는 수학책이다. 현재 중학교, 고등학교에서 배우는 기하학은 모두 [기하학 원론]에서 나온다. 그러니 [기하학 원론]을 읽어 보면, 학교에서 다루는 내용을 좀더 폭넓게, 깊이 있게 이해할 수 있으며, 특히 수학 선생님들에게 [기하학 원론]은 필독서이다.

둘째, [기하학 원론]은 수학의 역사이며 족보이다. 어떤 이론을 배우든, 그것이 나오게 된 배경과 기원을 아는 것은 그것을 이해하는데 크게 도움이 된다. [기하학 원론]은 오늘날 모든 수학의 조상이며, 수학의 근본 설계도이다.

셋째, [기하학 원론]은 살아 있는 철학이며 정신이다. 위대한 학자들의 위대한 저작물을 읽으면, 우리는 그 학자의 정신과 고뇌를 읽을 수 있다. 유클리드의 위대한 정신, 그리고 그것을 더욱 풍성하게 열매 맺게 한 히드의 노고는 우리 모든 수학자들에게 꼭 필요한 영양제라고 하겠다.

이 책을 출판해 주신 교우사 오판근 사장님과 책을 만드느라 고생을 하신 편집부 모든 분들께 깊이 감사를 드린다. 이 책을 구입해 주신 독자 분에게 깊이 감사를 드린다. 모든 책은 그 책을 구해 보는 독자들 덕분에 존재할 수 있으며, 본 [기하학 원론]이 20여 년 전에 출판된 이후 이제 개정판이 나오게 된 것도 모두 독자 여러분들의 성원 덕분이다.

본 번역자는 이 책을 번역하면서, 유클리드와 토마스 히드의 정신을 살리기 위하여 최선의 노력을 다하였다. 독자 여러분들이 이 책을 읽으면서, 유클리드와 토마스 히드의 정신과 철학을 흠뻑 만끽하기 바란다. 이 책의 모든 공은 유클리드와 토마스 히드의 몫이며, 모든 과는 본 번역자의 몫임을 밝히는 바이다.

번역자 이무현 씀.

차례

1권 평면기하

정의

정의 1

점은 쪼갤 수 없는 것이다.

해설 이것은 원래 "점은 부분이 없는 것이다."라고 되어 있다. 그러나 이렇게 번역하면 잘못이며, "점은 쪼갤 수 없는 것이다."라고 해야 올바른 번역이 된다. 아리스토텔레스(Aristoteles)가 쓴 [형이상학]에는 "균등한(짝수인) 것은 부분이 있다."라는 표현이 등장한다. 보니츠(Bonitz)는 이 말을 "균등한(짝수인) 것은 각 부분으로 쪼갤 수 있다."고 해석하였다. 그러니 이 정의의 경우 "점이란 각 부분으로 쪼갤 수 없는 것이다."라고 해석하는 것이 올바르다.

카펠라(Martianus Capella, 서기 5세기)만은 홀로 이것을 "점이란 그 부분이 아무것도 없는 것이다."라고 번역하였다. 시몬(Maximilian Simon)은 이 번역을 따라서 사용하였지만([Euclid und die sechs planimetrischen Bücher], 1901), 이것은 말이 안 된다. 점의 부분이 아무것도 없다면, 유클리드는 아예 점 자신이 아무것도 없는 것이라고 표현하였을 것이다. 그러나 유클리드는 그렇게 표현하지 않았다.

유클리드 이전의 정의

유클리드 이전 시대의 책들에서는 점을 이렇게 정의하지 않았던 것 같다. 아리스토텔레스가 쓴 [변증론]을 보면, 점, 선, 면을 정의할 때, 모든 사람들이 후자를 써서 전자를 정의하였다고 말하고 있다. 즉 점이란 선의 맨 끝이며, 선은 면의 맨 끝이며, 면은 입체의 맨 끝이라고 정의했다는 것이다.

우리가 알기로는, 점의 정의를 처음 제시한 사람들은 피타고라스 학파였다. 그들은 점을 "위치가 있는 단자(monad)" 또는 "단자에다 위치를 더한 것"이라고 정의하였다. (참조: 프로클루스) 아리스토텔레스는 바로 이 정의를 사용하거나([영혼에 관하여]), 또는 이와 동등한 정의를 사용하였다. 아리스토텔레스가 쓴 [형이상학]을 보면, 양으로서의 자격이 있지만 양에 대해서 절대 쪼갤 수 없으며 위치가 없는 것이 단자(monad)이고, 마찬가지로 쪼갤 수 없으며 위치가 있는 것이 점(point)이라고 말하였다.

플라톤(Platon)은 이렇게 정의한 것에 반대하였던 것 같다. 아리스토텔레스가 쓴 [형이상학]을 보면, "점을 이런 식으로 분류하는 것은 기하학적 허구"라고 플라톤은 반대하였으며, 플라톤은 점을 "선이 시작하는 것"이라고 불렀다. 그러면서도 플라톤은 "쪼갤 수 없는 선"이라는 말을 자주 썼다. 플라톤의 주장에 대해서, 아리스토텔레스는 "쪼갤 수 없는 선"이라도 끝이 있어야 하며, 따라서 선이 존재함을 보이는 논리를 써서 점이 존재함을 보일 수 있다고 반박하였다. 아리스토텔레스가 쓴 [변증론]에 보면, 점을 선의 끝이라고 정의한 것이 비과학적이라고 비판하였는데, 그 말은 플라톤을 겨냥한 것 같다.

점이란 쪼갤 수 없으며 어떤 위치가 있는 것이라고 아리스토텔레스는 생각하였는데, 점이란 물체가 아니며 무게가 없다고 말한 것을 보면([천체론]), 이 개념을 더욱 분명히 알 수 있다. 그리고 점과 그 점이 놓여 있는 위치는 서로 구별할 수 없다. ([자연학])

아리스토텔레스는 한없이 작아서 쪼갤 수 없는 점에서, 유한한 크기의 쪼갤 수 있는 양으로 넘어가는 과정을 설명하는 것이 어려움을 깨달았다. 점이란 쪼갤 수 없으며, 점을 아무리 많이 모으더라도 쪼갤 수 있는 어떤 양이 될 수 없다. 반면에 선은 쪼갤 수 있는 어떤 양이다. 그러므로 점들을 모은다 하더라도 선과 같이 이어진 것을 만들 수 없으며, 점과 점은 서로 이어지게(연속되게) 할 수 없다고 주장하였다. 그러므로 선은 점들을 가지고 만든 것이 아니다. ([자연학])

아리스토텔레스는 다음과 같이 주장하였다. 점이란 시간에서 '지금 이 순간'과 같다. '지금 이 순간'은 쪼갤 수 없으며, 시간의 '일부분'이 아니다. 그것은 시간을 쪼갠 것의 시작과 끝을 나타낸다. 마찬가지로 점은 선의 끝이며, 선을 쪼갠 것이나 또는 시작을 나타낸다. 그러나 점은 선의 '일부분'이 아니며, 어떠한 양도 갖지 않는다. ([천체론], [자연학]) 점이 선을 만드는 방법은, 점이 움직이는 것이다. ([영혼에 관하여]) 그러므로 점은 양의 기원이다.

고대의 다른 정의들

안나이리치(an-Nairizi)에 따르면, 헤룬데스(Herundes)는 (미확인 인물임.) 점을 "모든 양들의 시작이며, 쪼갤 수 없는 것"이라고 정의하였다. 포시도니우스(Posidonius)는 점을 "아무런 차원도 없는 끝, 또는 선의 끝"이라고 정의하였다.

편찬가들의 비판

아리스토텔레스가 자주 언급한 것을 보면 알 수 있듯이, 점에 대한 유클리드의 정의는 그 당대 사람들이 대부분 수긍하던 통설을 사실상 그대로 쓴 것이다. 물론, 점이 반드시 위치를 가져야 한다는 개념은 빼 놓았다. 그럼 이것으로 충분한가? 시간에서의 '지금 이 순간'과 수에서의 '단위수'가 부분이 없어서 쪼갤 수 없는 것처럼?

프로클루스(Proclus)에 따르면, 기하학에서 다루는 모든 재료(소재)들 중에 쪼갤 수 없는 것은 점뿐이다. 그러므로 기하학만 고려하면 이렇게 정의하는 것으로 충분하다. 그러나 이 정의는 순전히 부정을 통한 것이기에 되풀이해 비판을 받았다. 프로클루스는 이에 대해서, 제일 원리(first principle)이기 때문에 부정을 사용하여 설명하는 것이 온당하다고 답했다. 그러면서 프로클루스는, 파르메니데스(Parmenides)도 그의 제일 원인과 최종 원인을 부정을 사용하여서 설명하였다고 인용하였다.

아리스토텔레스도 정의를 할 때 부정을 사용하여 정의를 형성하는 것이 필요할 수 있다고 수긍하였다. 예를 들어 '눈 먼'이라는 말처럼, 어떤 것이 없음을 뜻하는 말의 경우 그렇다. 그러므로 아리스토텔레스는 점을 정의할 때 부정을 사용한 것이 적당하다고 받아들이는 것 같다. 그가 쓴 책 [영혼에 관하여]를 보면, "모든 종류의 쪼갬(예를 들어 길이에 대하여 또는 시간에 대하여 쪼갬)에 대하여, 이런 의미로 더 이상 쪼갤 수 없음이, 점에 대하여 증명되었다."고 쓰여 있다.

심플리치우스(Simplicius)는 (안나이리치가 인용해 놓았음.) "점이란 양의 시작이며, 거기에서부터 커지기 시작한다. 점은 위치가 있는 것들 중에 쪼갤 수 없는 유일한 것이다."라고 말했다. 아리스토텔레스와 마찬가지로, 점이 움직임으로써 어떤 양을 낳게 된다고 심플리치우스는 말했다. 이 때 생기는 양은 일차원이 될 뿐이다. 즉 선이 된다. 왜냐 하면 점은 스스로 넓게 퍼질 수가 없기 때문이다.

심플리치우스는 또한 다음과 같이 관찰하였다. 유클리드가 점을 정의할 때 부정을 사용한 이유는, 입체에서 면을 떼어 내고, 면에서 선을 떼어 내고, 마지막으로 선에서 점을 떼어 냈기 때문이다. "입체는 삼차원을 갖고 있는데, 점은 차례차례 차원을 모두 없앤 다음에 얻은 것이니, 점은 차원이 전혀 없으며, 따라서 아무런 부분도 없다." 이런 관점은 현대의 논문에서 다시 등장한다. (Rausenberger, "Elementar-geometrie des Punktes, der Geraden und der Ebene," 1887)

안나이리치는 다음과 같이 흥미 있게 관찰하였다. "선보다 더 간단한 게 점인데, 점의 본질이 뭔지 알고 싶으면, 실제 세상에서 우주의 중심과 극에 대해서 생각해 보아라." 그러나 이 의견을 제시한 것이 그가 처음은 아니다. 아리스토텔레스가 쓴 글에 보면, 극들이 구의 움직임에 영향을 끼친다고 생각하는 사람들을 반박하기 위해서 이 개념을 쓰고 있다. "극들은 아무런 양이 없다. 맨 끝의 점을 일컫을 뿐이다." ([동물의 운동])

현대적 관점

최근에 파쉬(Moritz Pasch, 1843 ~ 1930), 베로네스(Giuseppe Veronese, 1854 ~ 1917), 엔리케(Federigo Enriques, 1871 ~ 1946), 힐베르트(David Hilbert, 1862 ~ 1943) 등등의 수학자들이 기하학의 근본 원리들을 깊이 연구하였다. 이들이 쓴 탁월한 저술들은 새로운 기하학을 나타내는데, 이것은 새로운 공리들의 체계를 구성함으로써 출발한다. 이 새로운 공리 체계에서, 점들은 선들보다 앞에 나온다. 그러나 점을 선험적으로(a priori) 정의하려는 시도는 쓸데없는 짓이니 아예 하지 않는다. 그 대신에, 자연계의 물체들 중 이와 가장 가까운 것들을 보기로서 제시해 놓고, 이것들로부터 그 추상적인 개념을 얻을 수 있다는 말을 덧붙여 놓았다.

웨버(Von Heinrich Weber, 1842~1913)와 웰스타인(Josef Wellstein, 1869~1919)이 쓴 [Encyclopädie der elementaren Mathematik], II, 1905, p. 9에 보면, 점의 개념에 대해서 다음과 같이 설명해 놓았다. "이 개념은 실제 세상의 어떤 물질적인 점에서 극한을 취함으로써 발전하였다. 즉 마음 속으로 끝없이 계속 나타내는 과정을 되풀이함으로써 어떤 항목이 생겨나는 것이다. 모래알이나 먼지 한 개가 햇빛 속에 놓여 있다고 가정하자. 그런데 이것이 점점 더 작아진다고 하자. 이 과정을 통해서, 모래알 알갱이의 점점 더 작아지는 원자를 결정하는 가능성은 점점 더 줄어든다. 반면에 그 공간에서 어떤 위치를 나타내는, 그리고 그 위치는 더 이상 쪼갤 수 없도록 작은, 점의 존재는 점점 더 분명하게 제시된다. 그러나 이러한 관점은 정당화할 수 없다. 모래알이 점점 더 작아지는 것에 대해서, 우리가 어떤 개념을 가지는 것은 사실이다. 그러나 이것은 모래알이 눈에 보이는 크기인 경우에 국한된다. 모래알이 아주 작아져서 보이지 않으면, 우리는 아무것도 알 수 없다. 어떻게 더 작아지는지 볼 수도 없고, 상상할 수도 없다. 게다가 이 과정이 결국 끝이 난다는 것은 도저히 생각할 수 없다. 그럼에도 어떤 항목(점을 뜻함: 번역자 주)이 있어서, 이 과정을 통해서는 다다를 수 없으니, 우리는 그것에 다다를 수 없으면서도 그것을 믿거나 또는 상상해야 한다. 그것을 이해하는 게 아니라, 믿고 받아들여야 한다."

시몬도 이와 비슷하게 생각하였다. ([Euclid]) "점이라는 개념은 극한 개념에 속한다. 위치를 나타내는 과정을 한없이 계속, 연속적으로 할 때 필연적으로 내려야 하는 결론이다." 그는 또 다음과 같이 덧붙여 놓았다. "점이란, 위치를 정하는 것의 극한이다. 이것을 점점 더 강하게 계속하면 극한 개념인 '점'에 이른다. 이것은 더 나은 (더 정확한) '위치'이다. 그와 동시에 개념의 변화가 생긴다. '공간'의 개념은 사라지며, 상대적인 '위치'만이 남는다. 그러므로 우리가 유클리드의 뜻을 해석해 보면, '점'이란, 공간에서 위치를 나타내는 것의 생각할 수 있는 (관찰할 수는 없지만) 극한이라고 할 수 있다. 거기에서 더 나아가면, 공간을 차지하는 게 없어질 뿐만 아니라, 상대적인 '장소'조차 사라진다. 그러므로 점의 '부분'은 아무것도 없다."

내가 생각하기에는, "점이란 쪼갤 수 없는 것이다."라고 말하는 편이 "점의 부분은 아무것도 없다."라고 말하는 것보다 시몬이 전달하려는 뜻을 더 잘 나타내는 것 같다. 왜냐 하면, 유클리드는 어떤 것의 '부분'이라는 말을, 산술 계산의 분수식처럼 그것을 나눈다는 뜻으로 사용하며, 그 경우에 어떤 것을 나누었다고 해서 그것의 개념이 완전히 다르게 바뀌지는 않기 때문이다.

정의 2
선은 폭이 없이 길이만 있는 것이다.

해설 플라톤 본인이 이 정의를 만들지 않았을 수는 있지만, 이 정의는 플라톤 학파가 만든 것임이 확실하다. 아리스토텔레스는 이 정의에 대해서, "부정을 통해서 그 종류를 구별하기" 때문에 반론이 제기된다고 말했다. ([변증론]) 길이는 폭이 있거나, 또는 폭이 없거나, 둘 중 하나이다.

그러나 이 반론은 플라톤 학파에 대항해서 점수를 올리려는 목적만으로 제기한 것 같다. 왜냐 하면, 아리스토텔레스는 이 주장이 "길이의 종류가 단 한 가지뿐이라고 주장하는 사람들에게 대항하도록 해 줄 뿐이다. 바꿔 말하면, '이데아'를 가정하는 사람들에게."라고 말했기 때문이다. ([변증론]) 즉 길이의 개념을 '이데아'로 간주하는 사람들에 대해서. 왜냐 하면, 어떤 것이 한 종류뿐이고 그게 스스로 존재한다면, 그것을 두 가지로 갈라서 한 가지가 다른 한 가지의 성질을 부인한다면, 그건 스스로 모순에 빠지게 되기 때문이다.

프로클루스에 따르면, 점의 정의는 부정적인 내용뿐이었지만, 선의 정의는 첫 번째 '차원'을 도입하고 있다. 이렇게 보면 이 정의는 긍정 형태이다. 물론, 다른 '차원들'이 없음을 말하고 있으니, 부정적인 요소도 포함하고 있다. 폭과 깊이, 둘 다 없음을 "폭이 없이"라는 한 마디로 나타냈다. 왜냐 하면, 폭이 없는 것들은 모두 깊이도 없기 때문이다. 그러나 그 역은 성립하지 않는다.

다른 정의들

프로클루스는 선이란 "차원이 하나인 양"이라는 대안적 정의를 언급하였다. 좀더 나은 정의로서, "양이 한 방향으로만 뻗은 것"이라고 표현할 수 있다. 이 표현은 헤로미데스(Heromides)의 정의라고 안나이리치가 말했다. 그는 아마 헤룬데스(Herundes)와 같은 사람일 것이다. 안나이리치는 점에 대한 헤룬데스의 어떤 정의를 소개한 바 있다.

이것들은 본질적으로 아리스토텔레스의 정의와 같다. 아리스토텔레스는 차원을 논할 때 (1) 위와 아래, (2) 앞과 뒤, (3) 오른쪽과 왼쪽, 이렇게 생각했으며, '위'는 길이가 시작하는 곳, '오른쪽'은 폭이 시작하는 곳, '앞'은 깊이가 시작하는 곳이라고 했다. ([천체론]) 아리스토텔레스에 따르면, 선은 "한 방향으로만 쪼갤 수 있는 양이다." 그리고 면은 두 방향으로 쪼갤 수 있는 양이며, 입체는 세 방향 모두로 쪼갤 수 있는 양이다. ([형이상학]) 또는 선이란 "한 곳(한 방향)으로만 이어진" 양이다. 그래서 두 방향 또는 세 방향으로 이어져 있는 양들과 구별할 수 있다. 그는 '폭' 그리고 '깊이'라고 설명했으며, 그 다음에 그는, 길이는 선, 폭은 면, 깊이는 입체를 뜻한다고 덧붙여 놓았다. ([형이상학])

프로클루스는 선에 대해서 "점의 흐름"이라는 대안적 정의를 제시하였다. 즉 점이 움직이면서 지나간 궤적이라는 말이다. 아리스토텔레스도 이런 견해를 언뜻 드러낸 일이 있다. ([영혼에 관하여]) "선이 움직이면 면이 생기고, 점이 움직이면 선이 생긴다고 사람들이 말한다."

프로클루스는 다음과 같이 말했다. "이 정의는 선의 본질을 아주 잘 보여 주고 있다. 선을 가리켜 점의 움직임이라고 말하는 것은, 선의 발생 원인의 관점에서 정의하는 것이다. 이것은 우리 앞에 제시된 모든 선들을 가리키는 게 아니고, 비물질적인 선만을 가리키는 것이다. 점이 만들어 낸 선이 바로 이것이기 때문이다. 점 자신은 쪼갤 수 없지만, 쪼갤 수 있는 물체들의 존재의 근원이 바로 점이다."

프로클루스는 다음과 같이 유용한 언급을 추가해 놓았는데, 그는 이것이 아폴로니우스(Apollonius) 학파의 사조였다고 말했다. 어떤 길의 길이를 묻거나 또는 벽의 길이만을 잴 때, 우리는 선의 개념을 갖고 있다. 왜냐 하면 이런 경우 우리는 폭과 관계없는 것을 뜻하기 때문이다. 즉 '일차원'의 거리를 뜻한다. 그리고 지구나 달에 그림자가 드리워졌을 때, 우리는 빛과 어둠의 경계를 보면서, 선에 대한 구체적인 개념을 얻을 수 있다. 왜냐 하면, 이때 경계는 폭이 없으며, 길이만 있음이 명백하기 때문이다.

선들의 종류

유클리드는 선을 정의한 다음, 선의 종류로서 직선 하나만을 언급한다. 물론, 뒤에 가서 원을 정의할 때 다른 종류의 선이 나타난다.

유클리드가 온갖 종류의 선들을 분류하지 않고 그냥 넘어간 까닭은, 그의 목적을 위해서는 이게 불필요했기 때문이다. 그러나 예를 들어 헤론(Heron)은 선을 정의한 다음, 선들을 (1) 쭉 곧은 선들, (2) 그렇지 않은 선들로 분류하였다. 그러고 나서 후자를 다시 세분하여 (가) 원둘레 곡선, (나) 나선형 곡선, (다) 일반적인 곡선들로 나눴다. 그리고 이 네 종류의 선들을 설명하였다.

아리스토텔레스에 따르면([형이상학]), 피타고라스 학파는 직선과 곡선을 구별하였다. 그리고 이런 구별은 플라톤이나 ([국가론]) 아리스토텔레스가 쓴 글에 나온다. ([분석론 후서]: 선은 곧은 성질을 가지거나 또는 굽은 성질을 가진다. [영혼에 관하여]: 수학에서처럼, 곧은 그리고 굽은 이라는 용어의 의미를 아는 게 필요하다.)

그러나 플라톤과 아리스토텔레스는 곡선들 중에 원둘레 곡선을 따로 구별하여 불렀으며, 흔히 직선과 대조하곤 하였다. 아리스토텔레스는 각을 만드는 꺾인 선들을 하나의 선으로 여기는 것 같다. "선은 꺾여 있더라도 이어져 있으면 하나라고 말한다." ([형이상학]) "직선은 꺾인 선보다 더욱 하나이다." ([형이상학]) 라고 말한 것을 보면 알 수 있다. 헤론은 "꺾인 선은 길게 늘였을 때 자기 자신과 만나지 않는 선이다."라고 말했다.

프로클루스는 플라톤과 아리스토텔레스가 선을 직선, 원둘레 곡선, 이들을 결합한 것으로 분류하였다고 말했다. 그리고 플라톤은 맨 마지막의 것에다 "평면에서의 나선, 입체에서 생성되는 나선, 입체의 단면에서 생성되는 곡선들"을 모두 포함시켰다고 말했다. 그러나 이것은 정확하지 않다.

플라톤이 말한 것으로는 아마 [파르메니데스]에 나오는 "그러므로 모든 것들은 어떤 형태를 가져야 하며, 그 형태는 직선이거나, 또는 둥글거나, 또는 둘을 적당히 결합한 형태이다."는 말을 가리키는 모양인데, 그러나 이것이 선들을 엄밀하게 분류한 것이라고 볼 수는 없다. 아리스토텔레스의 견해에 대해서는, 프로클루스는 아마 [천체론]에 나오는 "공간에서의 모든 운동, 즉 움직임은 직선을 따르거나, 또는 원둘레 곡선을 따르거나, 또는 이 둘을 결합한 형를 따른다. 단순한 운동은 앞의 두 가지 뿐이다."는 말을 가리키는 것 같다.

이것을 완결하려면, 프로클루스가 선을 분류한 것을 덧붙여야 하겠다. 프로클루스는 제미누스(Geminus)를 그 권위자로 꼽았다.

제미누스의 첫 번째 분류

그는 우선, 선을 복합인 것과 비복합인 것으로 구분하였다. 복합인 선의 예로서 그림을 제시한 것은 "각을 만드는, 꺾인 선"뿐이다. 그 다음에 비복합인 선들을 분류하였다. 비복합인 선들의 분류는 책의 뒷부분에 가서 더욱 상세하게 설명하여 되풀이해 놓았다. 다음의 표는 이 두 분류법을 가능한 한 살려서 만든 것이다. 괄호 속에 든 것은 프로클루스가 언급한 예시들이다.

선 — 복합(각을 만드는 꺾인 선)
　— 비복합 — 도형을 만듦(원, 타원, 질주선)
　　　　　— 도형을 안 만들거나 또는 부정형으로 한없이 뻗어 나감(직선, 포물선, 쌍곡선, 나사선)

뒤에 가서 좀더 상세하게 설명한 것은 표로 나타내기가 어려운데, 그 세부 사항은 다음과 같다.

(1) 한없이 뻗어 나가는 선들 중 어떤 것들은 아무런 도형도 만들지 않지만(예를 들어 직선, 포물선, 쌍곡선), 어떤 것들은 "만나

서 도형을 만든 다음" (즉 고리를 만든다.) "그 이후 끝없이 뻗어 나간다."

한없이 뻗어 나가는 곡선이라고 언급된 것은 포물선과 쌍곡선 이외에는 니코메데스의 나사선(conchoid of Nicomedes)뿐이니, 고리를 만든 다음에 한없이 뻗어 나가는 곡선도 일종의 나사선(conchoid)이라는 탄네리(Tannery)의 결론에 동의하는 바이다. 잘 알려진 것처럼, 일반적인 나사선은 (나사선은 정육면체의 부피를 두 배로 만들거나 또는 각을 삼등분하는 데 쓰인다.) 다음과 같은 방법으로 구한다.

어떤 고정된 점(극점)을 지나 직선들이 살처럼 뻗어 있다고 하자. 이들이 고정되어 있는 어떤 직선과 만난다고 하자. 이 직선살들에서 어떤 점들을 잡되, 고정된 직선의 바깥에서 그 점들을 잡고, 그 점들에서 고정된 직선 사이에 놓이는 직선들의 길이가 일정한 거리가 되도록 잡아라. 이 점들이 만드는 궤적(곡선)이 바로 나사선이며, 고정된 직선은 나사선의 점근선이 된다.

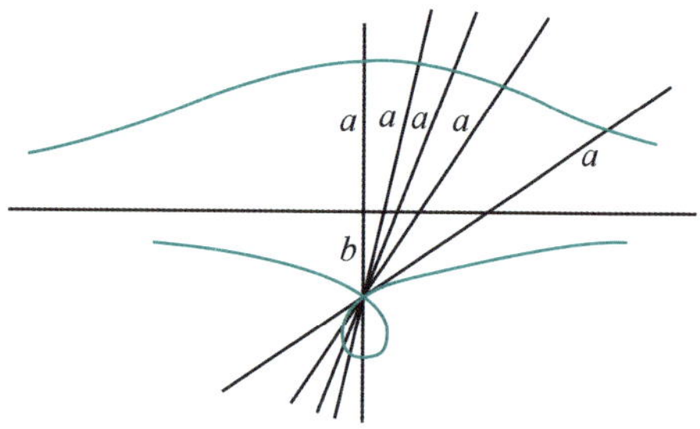

직선살들이 고정된 직선과 만나는 점에서부터 거리 a를 잡는데, 만약 이 거리를 극과 반대쪽으로 잡지 말고 극을 향해서 잡으면, 세 종류의 새로운 곡선들을 얻을 수 있다. 극점에서 고정된 직선까지의 거리를 b라고 하자. a가 b보다 더 작으냐, 같으냐, 더 크냐에 따라서 세 종류의 곡선들이 생긴다. 고정된 직선은 어떤 경우이든 점근선이 된다. $a > b$인 경우, 프로클루스가 설명해 놓은 것처럼, 이 곡선은 고리를 만든 다음 끝없이 뻗어 나간다.

유토키우스(Eutocius)가 쓴 [아르키메데스에 대한 주석]과 프로클루스가 쓴 글을 보면, 니코메데스(Nicomedes)가 나사선들에 대해서 썼음을 알 수 있다. 그리고 파푸스(Pappus)는 "첫 번째 나사선 (위에서 우리가 말한 것처럼 쓰인다.) 뿐만 아니라 두 번째, 세 번째, 네 번째 나사선이 있으며, 이것들은 다른 여러 법칙들에 유용하게 쓰인다."고 하였다.

(2) 그리고 나서, 프로클루스는 다음과 같이 관찰하였다. 한없이 뻗어 나가는 선들 중에 어떤 것들은 점근적(asymptotic)이며, 즉 아무리 길게 늘여도 서로 만나지 않으며, 또 어떤 것들은 접촉적(symptotic), 즉 가끔 만나기도 한다고 하였다. 점근적인 곡선들 중 어떤 것들은 한 평면에 놓여 있으며, 어떤 것들은 그렇지 않다. 마지막으로, 한 평면에 놓여 있는 점근적인 곡선들 중 어떤 것들은 늘 서로 같은 거리를 유지하지만, "어떤 것들은 서로 점점 가까워진다. 마치 쌍곡선이 직선에 가까워지듯이, 마치 나사선이 고정된 직선에 가까워지듯이."

제미누스의 두 번째 분류

이것은 다음과 같이 나타낼 수 있다.

비복합 선들
- 단순
  - 도형을 만듦(예, 원)
  - 도형을 안 만듦(직선)
- 섞임
  - 평면에 놓여 있는 곡선들
      - 서로 만나는 곡선들(예, 질주선)
      - 끝없이 뻗어 나감

— 입체에 놓여 있는 곡선들
　— 절단면을 따라서 생기는 곡선들(예, 원뿔곡선, 스피릭(spiric) 곡선)
　— 입체의 둘레를 따라 생기는 곡선들(예, 원기둥 또는 원뿔을 휘감은 나선)
　　— 고른 곡선(원기둥의 나선)
　　— 고르지 않은 곡선(다른 모든 곡선들)

선들의 분류와 특별한 곡선들에 대한 설명

위와 같이 분류를 한 것에 대해서, 그리고 이 때 나온 여러 특별한 곡선들에 대해서, 프로클루스가 설명해 놓은 가장 흥미로운 것들을 여기에 추가해 놓겠다.

1. 고른 선들

여기서 고른 선들(homoeomeric lines)이라는 용어는, 선의 모든 부분이 서로 똑같음을 말한다. 즉 곡선의 어떠한 부분이든 다른 어떠한 부분과도 포개져서 서로 일치하게 됨을 말한다. 이러한 선들은 세 종류뿐임을 프로클루스는 관찰했다. 두 종류는 “단순”하고 한 평면에 놓여 있으며(직선과 원), 세 번째 종류는 “섞인 것”이며 입체의 둘레를 따라 생긴다. 즉 원기둥의 나선이다. 후자가 고른 곡선임은 아폴로니우스가 증명하였다.

고른 선이 세 종류뿐이라는 사실은 제미누스가 증명하였다. 그는 우선, 어떤 점에서 두 선분을 그어서, 이들이 고른 선과 만나서 만드는 각들이 크기가 같으면, 그 두 선분이 길이가 같음을 증명하였으며, 이 법칙을 사용하여서 증명하였다.

2. 섞인 선들

원기둥의 나선은 고른 곡선이니, 직선이나 원처럼 단순한 선이라 분류해야 한다고 주장할 수 있다. 그러나 프로클루스는 이게 단순한 곡선이 아니라 섞인 곡선이라고 답한다. 그 까닭은 서로 다른 두 운동이 낳은 궤적이기 때문이다.

제미누스는 다음과 같이 말했다. 예를 들어 정사각형의 이웃한 두 변을 따라 같은 속력으로 움직이는 운동들의 결합이 직선(대각선)을 낳는 것처럼, 서로 같은 두 운동은 단순한 선을 낳는다. 어떤 선분의 양 끝점이 직각의 두 변에 놓여 있으면서 움직이면, 이 직선의 중점이 움직이는 궤적은 단순한 곡선(원)이 되지만, 다른 점들이 움직이는 궤적은 섞인 곡선(타원)이 된다.

제미누스는 "섞였다"는 말을 곡선에 적용하는 경우와 곡면에 적용하는 경우에 서로 다른 뜻으로 사용됨을 설명해 놓았다. 곡선에 적용하는 경우, "섞였다"는 말은 단순히 "같이 붙여 놓았다"는 뜻이 아니며, "어울려 있다"는 뜻도 아니다. 원기둥의 나사선은 섞인 곡선이지만, (1) 그 곡선의 일부분은 직선이고 일부분은 원인 게 아니니, 이 둘을 같이 붙여 놓은 것이 아니며, (2) 그 곡선을 어떻게 자르더라도 단순한 선이 나타나지 않으니(이것은 실제로 단순한 선을 결합하여 만든 것임에도), 단순한 선들이 어울려 있는 것도 아니다. 이 경우에 "섞였다"는 말은, 원래 구성 성분들의 성질들이 파괴되고, 화학적으로 결합해서 새로운 성분이 나타남을 뜻한다.

반면에 "섞인" 곡면들은 일종의 "어울려 있는" 경우이다. 예를 들어 어떤 점을 고정시키고, 그 점을 지나고 어떤 원둘레를 지나는 직선들을 잡아서 원뿔을 만들었다고 하자. 원에 평행한 평면으로 이것을 자르면, 그 단면은 어떤 원이 된다. 꼭짓점을 지나는 평면으로 이것을 자르면, 그 단면은 삼각형이 된다. 그러므로 원뿔곡면은 "섞인" 곡면인데, 이것을 자르면 단순한 선들을 얻을 수 있다.

3. 스피릭 곡선(spiric curves)

이 곡선들은 원뿔곡선과 마찬가지로 입체들을 자를 때 생긴다. 이것들은 페르세우스(Perseus)가 발견하였다. 페르세우스 본인의 문구라며 프로클루스가 인용한 것을 보면, 페르세우스는 "다섯 개의 절단면에서 (절단면과 더불어) 세 곡선들"을 찾았다. 프로클루스가 쓴 다음 글들을 보면 이것들에 대해서 알 수 있다.

"스피릭 단면들 중, 한 종류는 서로 얽혀 있어서, 마치 승마용 등자를 닮았다. 다른 한 종류는 가운데가 널찍하며 양쪽으로 갈수록 좁아진다. 세 번째 종류는 잡아 늘인 모양이며, 가운데가 좁고, 양쪽으로 가면서 넓어진다."

"이건 스피릭 곡면에 대한 경우이다. 이 곡면은 원이 어떤 평면에 대해서 수직인 상태를 유지하면서 회전할 때, 그 회전의 중점이 원의 중점과 다른 경우에 생기는 곡면이다. (즉 원과 같은 평면에 놓여 있으면서, 원의 중점을 지나지 않는 직선을 회전축으로 하여 회전시키는 경우) 그러므로 스피릭 곡면은 세 가지 형태가 있다. 회전의 중점이 원둘레에 놓이는 경우, 중점이 원의 안에 놓이는 경우, 중점이 원의 바깥에 놓이는 경우. 회전의 중점이 원둘레에 놓이는 경우는 연속적인 곡면이 생기며, 회전의 중점이 원의 안에 놓이는 경우는 서로 얽힌 곡면이 생기며, 회전의 중점이 원의 바깥에 놓이는 경우는 열린 곡면이 생긴다. 그리고 그 단면들도 이 세 가지 차이에 따라서 세 종류가 생긴다."

"스피릭 곡선들의 일종인 히포피드(hippopede, 승마용 등자)가 자신과 만나서 각을 만들면, 이 각은 섞인 선들에 의해 둘러싸여 있다."

"페르세우스는 스피릭 곡선들의 성질들을 보여주었다."

그러므로 스피릭 곡면은, 우리가 토러스 또는 (열린 경우) 링이라고 부르는 곡면이다. 헤론은 이것을 스파이어(spire) 또는 링(ring)이라고 부른다고 말했다. 헤론은 원이 자신을 자르는 경우를 가리켜 "자신과 교차한다."고 말했으며, "얽혀 있다."는 말은 쓰지 않았다.

탄네리와 스키아파렐리(Schiaparelli)도 이 대목을 다루어 놓았다. 프로클루스는 세 가지 곡선들의 차이가 세 가지 곡면들의 차이와 대응한다고 말했지만, 이것은 실수인 게 확실하다. 아마 제미누스가 한 말을 옮기기에 바빠서 그렇게 된 것 같다. 이 세 곡선은 모두 열린 링을 평면으로 자를 때 생긴다.

원의 반지름을 r 이라고 하자. 이 원을 회전시킬 때 회전축과 원의 중점과의 거리를 a 라고 하자. 회전축에 평행한 평면으로 이 곡면을 자른다고 하고, 평면과 회전축과의 거리를 d 라고 하자. 그러면 맨 앞의 인용문에 나오는 세 곡선들은 다음 경우들에 해당한다.

(1) $d = a - r$. 이 경우 곡선은 히포피드가 된다. 베르누이(Bernoulli)의 렘니스케이트(lemniscate)도 이 곡선의 일종이다. 즉 $a = 2r$ 인 경우의 이 곡선이다.

페르세우스의 곡선들 중에 이 경우의 곡선을 가리켜 '히포피드(hippopede, 승마용 등자)'라 부른 까닭은, 유독수스(Eudoxus)의 히포피드와 닮았기 때문임이 확실하다. 유독수스의 히포피드는, 어떤 원기둥이 구의 내부에 접할 때, 그들이 교차하면서 만드는 곡선을 가리키는 것 같다.

(2) $a < d < a + r$. 이 경우 둥그스름한 타원형의 곡선이 된다.
(3) $a - r < d < a$. 이 경우 곡선의 가운데가 좁아져 있다.

탄네리는 "다섯 개의 절단면에서 세 곡선들"을 이렇게 설명하였다. 열린 토러스의 경우 절단면에 의해서 생기는 곡선들이 두 가지 더 있다. 이들은 다음 경우들에 해당한다.

(4) $d = a$. (2)에서 (3)으로 넘어가는 중간 단계.
(5) $0 < d < a - r$. 이 경우 절단면은 대칭인 두 개의 타원형이 된다.

그 다음에 그는 $a = r$에 해당하는 닫힌(이어진) 토러스의 경우는 (2), (3), (4)의 곡선들만 생겨남을 보였다. (1)과 (5) 대신에 두 개의 원이 서로 접하는 단면을 얻게 될 뿐이다.

반면에, 세 번째 (서로 얽힌 경우) 스피릭 곡면은 세 가지 새로운 형태를 낳으며, 따라서 처음 다섯 가지 단면들에 덧붙여 또 세 가지가 된다.

이렇게 해석하는 것에 대한 난점은, "다섯 개의 절단면에서 세 곡선들"을 언급한 다음, 프로클루스는 가장 중요해 보이는 세 곡선들을 설명했다는 사실이다. 그러나 이 세 곡선들은 열린 토러스의 다섯 단면들에 대응하며, 이들과 떨어져 있는 게 아니다.

4. 질주선

유토키우스에 따르면([아르키메데스에 대한 주석]), 이 곡선은 디오클레스(Diocles)가 쓴 책 [불붙이기 거울]에서 정육면체의 부피를 두 배로 만드는 문제를 풀 때 쓴 것과 같은 곡선이다. 이 곡선은 다음과 같이 만들 때 점들이 지나간 궤적이다.

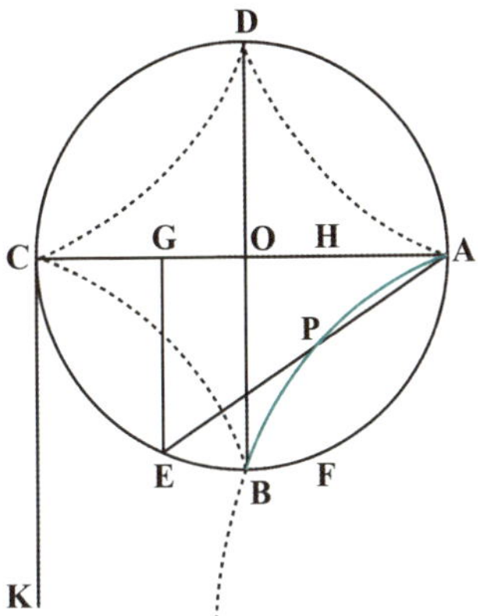

원의 중점을 O라 하고, AC, BD가 원의 지름들이며, 서로 수직으로 만난다고 하자. 사분원 BC, BA에서 점 E, F를 각각 잡되, 호 BE와 호 BF의 길이가 같도록 잡아라.

CA와 수직이 되도록 선분 EG, FH를 그어라. 직선 AE를 긋고, 이 직선이 FH와 만나는 점을 P라 하자.

사분원 BC에서 점 E를 잡았으며, B에서의 거리가 같게 되도록 점 F를 호 BA에서 잡았다. E의 위치에 따라서 P의 위치가 달라지는데, 질주선이란 P가 움직이는 궤적을 가리킨다.

점 E가 점 C에 놓이면, 점 P는 점 A에 놓인다. 그리고 점 E가 점 B에 놓이면, 점 P는 점 B에 놓인다. 그러므로 점 A, 점 B도 이 곡선 상의 점들이다.

이 곡선은 AB 방향으로, B를 지나서 계속 그을 수 있음을 쉽게 알 수 있다. CA와 수직이 되도록 직선 CK를 그으면, 직선 CK는 이 곡선의 점근선이 된다. 그리고 곡선 AB와 대칭이 되도록 곡선 AD를 그을 수 있다. 이것도 점 D를 지나서 계속 그을 수 있으며, 직선 KC가 역시 점근선이 된다.

OA, OD를 좌표축이라고 하면, 이 곡선의 방정식은

$$y^2(a+x)=(a-x)^3$$

이 된다. 여기서 a는 원의 반지름이다.

점 A에서 이 곡선은 뾰족하게 꺾인다. 프로클루스는 "질주 곡선들 (cissoidal lines)은 담쟁이 잎처럼 한 점에서 만나 각을 만든다. 여기서 이들의 이름이 유래하였다."고 말했는데, 이 말과 일치한다. 나중에 그는 이게 곡선의 두 부분이 아니라 한 곡선이라고 살짝 정정하였다. 즉 한 곡선이 각을 만드는 것이다.

그러나 이 곡선이 원의 바깥으로 뻗어 나가 점근선을 가진다는 사실을 프로클루스는 까맣게 모르고 있었다. 그는 이게 막힌 곡선(closed curve)이라고 여러 번 말했다. 즉 어떤 도형을 만들어 넓이를 내포한다고 말했다. "질주선들로 잘라서 생기는 도형은 둘레가 한 곡선이다. 그러나 이건 어떤 중점이 있어서, 거기로부터 같은 거리에 있는 것은 아니다." 그러니까 프로클루스는 이 그림처럼 네 개의 대칭인 곡선으로 둘러싸인 도형을 생각한 것 같다.

다음 곡선에 대한 프로클루스의 견해는 더욱 특이하다.

5. 한 바퀴 회전하는 나선

이것은 사실 아르키메데스의 나선이다. 직선의 한쪽 끝을 고정시켜 놓고, 그 끝에서부터 어떤 점이 직선을 따라 일정한 속력으로 움직인다고 하자. 동시에 이 직선은 끝점이 고정된 채 평면에서 일정한 속력으로 회전한다고 하자. 그러면 이 점은 모기향 모양의 나선형 곡선을 그린다. 물론, 아르키메데스는 이 나선이 몇 바퀴든 회전할 수 있다고 간주하였다. 회전수란, 그 직선이 회전한 횟수이다.

그러나 프로클루스는 나선을 만드는 방법에 대해서는 똑같이 설명해 놓고, '한 바퀴 회전하는 나선'이 직선이 완전히 한 바퀴 돌아서 닿는 점에 약간 못 미쳐 멈추는 것으로 간주하였다. "한없이 뻗어 나가는 것은 모든 선들의 성질이 아님을 알아야 한다. 원도 이런 성질이 없으며, 질주선도 이런 성질이 없다. 도형을 만드는 선들은 모두 이런 성질이 없다. 도형을 만들지 않는 선들도 이런 성질이 없다. 한 바퀴 회전하는 나선도 끝없이 뻗어 나갈 수 없다. 왜냐 하면 그 곡선은 두 점 사이에서 만든 것이기 때문이다. 이렇게 만든 선은 모두 이런 성질이 없다." 파푸스는 원기둥 나선이 한 바퀴 회전한 것을 나타낼 때 이 용어를 사용하였다.

정의 3
선의 양 끝은 점들이다.

해설 아리스토텔레스가 말한 것처럼, 점을 "선의 끝"이라고 정의하는 것은 비과학적이다. 후에 등장하는 개념으로 전에 등장한 개념을 정의하는 것이기 때문이다. 유클리드는 점을 달리 정의하였다. 그렇지만 점과 직선 사이의 관계를 정립할 필요가 있으니, 유클리드는 점과 직선을 정의한 다음 이 설명을 넣었다. 이런 타협은 유클리드 자신의 생각인 게 확실하다. 정의 6에서 면의 끝은 선이라고 말한 것도 이것과 똑같은 개념이며, 제 11권 정의 2에서 입체의 끝이 면이라고 말한 것도 이것과 마찬가지이다.

우리가 또 알아 두어야 할 사실은, 직선을 '쪼개는' 것도 직선의 '시작'이나 '끝'과 마찬가지로 점이라는 것이다. (아리스토텔레스가 [형이상학]에서 이 사실을 제시하였다.) 그리고 두 직선이 '교차'하는 것도 마찬가지로 점이 된다. 이것을 덧붙여 설명해 놓았더라면, 유클리드가 사용한 선들 중 일부(끝없는 직선이나 원)가 끝점이 없기 때문에 프로클루스가 고심했던 것을 덜어 줄 수 있었을 텐데. 타원도 마찬가지로 끝이 없다.

프로클루스는 이런 경우에 원이나 타원의 일부분을 잡으면 점들 사이에 놓여 있으니, 이 정의를 그 부분에다 적용할 수 있다고 하였다. 그는 이런 식으로 원이나 타원에 대해서, '선'의 성질과 '막힌 도형'의 성질을 구별해서 생각하였다. (그러므로 원을 그리고 있는 동안은 두 개의 끝점이 있는 선인데, 원을 다 그리면 끝점들은 사라진다.) 그러나 이건 정의 3을 모든 경우에 글자 그대로 적용하려는 헛된 노력에 불과하다. 정의 3은 단지, 어떤 선이 끝을 가지면, 그 끝이 점임을 설명하고 있을 뿐이다.

정의 4
직선은 점들이 쭉 곧게 있는 것이다.

해설 직선에 대한 정의로서 유클리드 시대 이전의 것임이 확인된 것은 플라톤의 정의뿐이다. 플라톤은 직선을 가리켜 "가운데가 양 끝을 막는 것"이라고 (즉 눈을 한쪽 끝에 대고 직선 방향으로 보았을 때) 정의하였다. 이 말은 [파르메니데스]에 나온다. "직선이란 가운데 부분이 양 끝의 앞에 놓여 있는 (그래서 양 끝이 보이지 않도록 하는) 것이다."

아리스토텔레스도 이와 동등한 말을 [변증론]에 인용해 놓았다. 아리스토텔레스는 그 원저자를 말하지 않았는데, 면의 끝이 선이라는 정의와 더불어 써 놓은 것을 보면, 이것이 잘 알려진 것으로 간주하고 사용한 모양이다. 프로클루스도 플라톤의 정의라면서 이 말을 인용한 적이 있다.

이 정의는 매우 교묘하지만, 이것은 눈으로 보는 감각과 시선이 직선이라는 가정에 암시적으로 의존하고 있다. (아리스토텔레스의 [문제집]을 보면, 어떤 것들이 한 줄로 늘어서 있을 때, 그것을 한 눈으로 보면 왜 두 눈으로 보는 것보다 쭉 곧은지 판단하기가 더 쉬운가 하는 질문이 나온다.)

시선이 왜 직선이냐 하는 것도 문제인데, 유클리드 본인이 쓴 [광학]에서는 이것을 가정으로 받아들였다. 유클리드는 그 책에서 눈으로부터 직선을 긋고, '시선'이라는 용어를 잠시 보류한 뒤, 시선에 들어오는 범위는 눈을 꼭짓점으로 하는 원뿔이 된다고 말하였다.

아리스토텔레스는 직선에 대해서 유클리드의 정의와 흡사한 것을 언급한 적이 없다. 그는 다만 플라톤의 정의를 언급하였고, 직선이 "면의 끝"이라고 설명한 것들을 언급하였다. 후자는 아마 당시의 교과서적인 정의였던 모양이다. 그러니 유클리드의 이 정의는 아주 독창적인 것이었다.

유클리드의 정의에 대한 프로클루스의 의견

유클리드의 이 정의에 대해서 생각해 보자. 이것을 약간 다르게 표현해 놓은 것은 많지만, 어떠한 것도 완전히 만족스럽지는 않다. 사빌(Sir Henry Savile)을 비롯하여, 여러 권위자들은 이것으로부터 아무런 의미도 이끌어 낼 수 없다고 고백하였다.

우리는 우선 프로클루스의 의견을 듣도록 하자. 그가 해석해 놓은 것은 언뜻 보면 아주 그럴 듯하다. 프로클루스에 따르면, 유클리드는 "이 정의를 통해서, (모든 선들 중에) 오직 직선만이 두 점 사이의 거리와 똑같은 거리를 차지함을 보이고 있다. 왜냐 하면 두 점이 서로 떨어져 있을 때, 그 두 점을 끝점으로 가지는 직선의 길이는 그 두 점 사이의 거리와 같다. 그러므로 직선은 그 점들에 대해 같은 거리로 놓여 있다." "그러나 예를 들어 원둘레 곡선이나 또는 다른 어떤 곡선에서 두 점을 잡으면, 그 선을 따라 잰 길이는 그 두 점 사이 거리보다 더 길다. 직선을 제외한 모든 선이 그렇게 된다. 우리가 상식을 갖고 생각해 보면, 똑바로 길을 가면 꼭 필요한 거리만큼 가지만,

똑바로 가지 않으면 필요한 거리 이상을 움직이게 된다.” (아리스토텔레스가 쓴 [천체론]에 보면, “거리라는 말은 직선을 그었을 때 그 길이를 말한다.”고 되어 있다.)

그러므로 프로클루스는 이렇게 해석하고 있다. “직선이란 그 점들 사이 거리와 같도록 뻗어 놓은 것이다.” 이 설명은 유클리드의 정의에다 아르키메데스의 가정을 접붙이려고 나온 것 같다. 아르키메데스는 “끝점이 같은 선들 중에 직선이 가장 길이가 짧다.”고 가정하였다. ([구와 원기둥]) 즉, 프로클루스는 “같은 거리로 뻗어 있다.”고 해석한 것이다.

그러나 이런 식으로 해석하기는 곤란하며, 유클리드가 정의 7에서 평면에 대해 “직선들이 쭉 곧게 있는 것이다.”라고 정의한 것과 잘 맞지 않는다. 프로클루스는 평면에 대해서도 마찬가지로 “같은 넓이로 펼쳐져 있다.”고 해석하였다. 즉, 평면에 놓여 있는 두 직선을 주었을 때, “그 사이에 놓여 있는 평면의 넓이는 그 두 직선 사이의 넓이와 같다.” 그러나 두 직선을 준다고 이들이 어떤 넓이를 결정하는 것은 아니다. 어떤 막힌 도형을 만들어서, 그 경계선이 평면에 놓여 있어야 한다. 그래야만 “양쪽 끝이 한 평면에 놓여 있다고 하고, 그 양쪽 끝을 공유하는 면들 중에 평면이 가장 넓이가 작다.”는, 아르키메데스의 또 다른 가정과 동등한 것을 얻을 수 있다. 이건 낱말을 지나치게 확장해서 해석한 것이며, 이렇게 받아들이기는 정말 어렵다. 심플리치우스도 프로클루스와 마찬가지로 해석하였음을 덧붙여 놓는 바이다. (안나이리치)

이 정의의 기원과 그 의미

유클리드가 쓴 말은 너무 불명확하지만, 유클리드가 표현하려고 하는 개념은, 직선이란 모든 점에서 똑같은 형상을 하고 있으며, 어떠한 불규칙한 모양이나 비대칭적인 모양도 없어서, 어느 부분도 서로 구별할 수 없음을 말하는 게 확실하다. 사체리(Saccheri)가 지적했듯이(엥겔과 스태켈의 [Die Theorie der Parallellinien von Euklid bis Gauss]), 만약에 불규칙한 모양을 갖고 있으면, 양 끝점을 고정시킨 다음 그 선을 돌려 보면 쉽게 알 수 있다. 만약에 그 때 위치를 서로 구별할 수 있으면, 예를 들어 상대적으로 오른쪽이나 왼쪽에 놓이게 되더라고 하면, 그 선은 그 점들 사이에 쭉 곧게 놓여 있는 게 아니다.

유클리드의 이 정의는 과연 어디에서 유래하였으며, 유클리드는 이것을 무슨 의미로 받아들이고 있었는가? 내가 보기에 이 정의는, 플라톤의 정의인 "가운데가 양 끝을 막는 선"에서 유래한 것 같다. 유클리드는 플라톤 학파였다. 그러니 플라톤이 정의한 것의 본질을 취하면서, 그 낱말들을 적당하게 바꾸어서, 눈으로 보는 것과 상관이 없도록 만들려고 시도한 게 자연스러워 보인다. 눈으로 보는 것은 물리적인 현상이니, 순수한 기하학 정의에서 적당한 자리를 차지할 수 없다. 그러므로 유클리드의 정의는, 기하학자들이 이것을 가리켜 기하학적인 소재가 아니라고 반대하지 못 하도록 만들려는 시도였다. 플라톤의 정의는 이런 반대를 불러일으킨 바 있다. (물론, 유클리드의 시도는 이 경우의 특성 때문에 실패하고 말았다.)

유클리드는 불가능한 일을 시도한 것이다. 플레이데러(Christoph Friedrich von Pfleiderer, 1736~1821)는 다음과 같이 말했다. "직선이라는 개념은 너무 단순하기 때문에, 그 개념을 우리가 보통 하듯이 정의하려고 하면, 우리가 정의하려는 개념이 묵시적으로 포함된 낱말들(예를 들어 방향, 같음, 고름, 위치가 균등함, 굽지 않음)을 쓰지 않을 수 없다. 만약 어떤 사람이 여기에 나오는 직선이라는 게 무슨 뜻인지 모른다면(물론, 그런 사람이야 없겠지만), 그에게 직선을 가르치려면 직선의 그림을 그의 면전에 제시하는 수밖에 없다."

베로네스(Veronese)가 쓴 [Elementi di geometria]와 같은 책들은 이 방법을 사용한다. "연직선과 같이 줄을 당긴 것이나, 어두운 방에 좁은 구멍을 통해서 빛살이 들어오는 것이나, 이런 것들은 직선으로 된 물체들이다. 이것들을 보면, 우리들은 직선의 토막으로 된 선분에 대해서 추상적인 개념을 얻을 수 있다."

직선에 대한 다른 정의들

직선을 정의한 것들 중 유명한 것 몇 개를 살펴보도록 하자. 다음은 프로클루스가 제시한 것들이다.

1. "직선이랑 가장 극도로 잡아당긴 선이다." 헤론도 또한 이렇게 정의하였는데, 그는 "양 끝을 향해서"라는 말을 덧붙여 놓았다.
2. "직선의 일부분은 한 평면에 있으면서 또 일부분은 그 위에 있을 수가 없다." 이것은 기하학 원론 11권의 법칙 1이다.
3. "직선이란 모든 부분이 다른 모든 부분과 똑같이 들어맞는 것이다." 헤론도 이 정의를 사용하였다. 그러나 그는 "똑같이"라는 말 대신에 "모든 방향으로"라는 말을 사용하였는데, 이 표현이 더 낫다. 왜냐 하면 부분을 어느 한 방향으로 겹치거나 또는 뒤집어서 반대 방향으로 겹치더라도, 똑같은 결과가 나옴을 뜻하기 때문이다.
4. "직선이란 양 끝을 고정시켜 놓았을 때 고정되어 있는 것이다." 헤론은 여기에다 "돌리더라도 원래와 같은 평면에 놓여 있다."는 말을 덧붙여 놓았다. 그리고 "양 끝이 같으면 그 위치가 늘 같다."라고 표현하기도 했다. 그러니 직선의 정의를 "양 끝점을

(또는 그 위에 있는 어떠한 두 점이든) 극으로 하여 돌렸을 때 그 위치가 바뀌지 않는 것"이라고 내린 것은 라이프니츠(Leibniz), 사체리, 크래프트(Krafft), 가우스(Gauss)의 독창적인 발견이 아니다. 서기전에 이미 제시되었다.

가우스는 이 정의를 다음과 같이 표현했다. "선에서 임의의 두 점을 고정시킨 다음 그것을 회전시킬 때, 선의 모든 점들이 원래 위치에서 움직이지 않으면, 그 선을 직선이라고 부른다." 쇼튼(Schotten)에 따르면, 이 정의는, 직선이라는 개념과 그 성질이 두 점을 주면 결정된다는 것을 은연중에 가정하고 있다. 그러므로 이 정의는 순환논리가 되고 말았다.

5. "직선이란 그와 같은 종류 두 개를 가지고 도형을 만들 수 없는 것이다." 이것은 "도형"이라는 개념을 가정하고 있으니, 명백한 순환논리이다.

마지막으로 라이프니츠의 정의를 소개하겠다. "직선이란 평면을 똑같이 둘로 쪼개는 것, 위치를 제외하고는 완전히 똑같도록 둘로 쪼개는 것이다." 이 정의는 평면을 도입했다는 사실이 특이할 뿐, 다른 정의들보다 더 좋은 것 같지는 않다.

르장드르(Legendre)는 직선이 "두 점 사이의 가장 짧은 거리"라는 아르키메데스적인 성질을 사용하고 있다. 반스윈덴(Van Swinden)에 따르면([Elemente der Geometrie], 1834), 이것을 정의로서 받아들이는 것은, 삼각형의 두 변을 더한 것이 나머지 한 면보다 더 길을 가정한 다음, 양 끝점이 같은 두 직선은 그 길이 전부에서 서로 일치함을 증명하는 것과 같다. (르장드르 [Éléments de Géométrie] 참조.)

위의 정의는 모두 융거(Unger)가 관찰한 것을 드러내 보이고 있다.

([Die Geometrie des Euklid], 1833) “직선이란 아주 단순한 개념이며, 따라서 직선에 대한 모든 정의는 실패하게 돼 있다. 그러나 일단 직선에 대해서 올바른 개념을 파악하면, 직선에 대한 여러 다양한 정의에서 그것을 인지할 수 있다. 그러므로 이 모든 정의는 ‘설명’이라고 여겨야 한다. 이런 정의들 중에, 그에 따른 추론을 즉시 이끌어 낼 수 있는 것이, 직선의 본질에 가장 충실하게 잘 정의한 것이다.”

정의 5

면은 길이와 폭만이 있는 것이다.

해설 유클리드와 그 이후의 수학자들은 일반적인 면(곡면 포함)을 일컫을 때와 평면을 일컫을 때 다른 낱말을 썼지만, 아주 엄격하게 낱말을 구별해 쓴 것은 아니었다. 프로클루스에 따르면, 플라톤과 아리스토텔레스를 비롯한 유클리드 이전의 철학자들은 이런 구별이 거의 없었다.

아리스토텔레스가 쓴 [범주론]을 보면, “두 부분이 만나면, 서로 공통이 되는 경계를 찾을 수 있다. 선의 경우는 점이 되며, 면의 경우는 선이 된다. 왜냐 하면 면의 부분들이 서로 마주 닿아서 공통인 경계를 만드는 곳이 있기 때문이다. 마찬가지로 입체의 경우 공통이 되는 경계를 찾으면, 선이나 면이 된다. 입체의 부분들이 서로 마주 닿는 부분이다.”라고 되어 있다.

아리스토텔레스에 따르면([감각에 대하여]), 피타고라스 학파는 면을 일컫을 때 ‘껍질’ 또는 ‘겉모양’을 뜻하는 낱말을 사용하였다. 이 용어는 입체에서 분리할 수 없는 끝부분이라는 의미로 사용되었다고 아리스토텔레스는 설명하였다.

다른 정의들

면에 대한 여러 정의들은 선에 대한 여러 정의들에 대응한다. 아리스토텔레스는 선을 "한 방향, 일차원으로 뻗어 있는 것" 또는 "한 방향으로 이어진 것" 또는 "한 방향으로 자를 수 있는 것"이라고 말했다. 그러므로 면은 두 방향으로 뻗어 있는 것, 또는 두 방향으로 이어진 것, 또는 두 방향으로 자를 수 있는 것이다. 유클리드는 면이 "길이와 폭만이 있는 것"이라고 말했듯이, 아리스토텔레스는 '폭'이라는 말을 면의 특징처럼 사용하고 있으며, 면과 똑같은 뜻으로 이 말을 사용하기도 했다. 그리고 "길이란 길고 짧은 것, 면이란 넓고 좁은 것, 입체란 깊고 얕은 것"이라고 말했다. ([형이상학])

아리스토텔레스는 선이 움직이면 면을 낳는다는 일반적인 설명을 하고 있다. ([영혼에 관하여]) 그리고 그는 귀납적으로, 면이란 "입체의 끝"([변증론]), 그리고 "입체를 잘랐을 때 생기는 단면"이라고 설명하고 있다. ([형이상학])

프로클루스에 따르면, 어떤 넓이를 재고 그 경계선을 길이와 폭으로 나타낼 때, 우리는 면에 대한 개념을 얻게 된다. 그리고 우리는 그림자를 볼 때 면에 대한 느낌을 얻는다. 왜냐 하면 그림자가 땅 속으로 파고 들어갈 수는 없으니, 그림자는 깊이가 없으며, 길이와 폭만이 있기 때문이다.

면의 분류

헤론은 면을 두 가지 방법으로 분류하고 있는데, 제미누스가 선을 분류하는 방법을 따른 것이다. 즉 (1) 비복합과 복합, 그리고 (2) 단순한 것과 섞인 것으로 분류하고 있다.

(1) '비복합 면'이란 "계속 늘였을 때 서로 매끄럽게 이어지는 경우이다." 즉 공처럼 곡률이 연속인 경우이다.

'복합 면'이란 "계속 늘였을 때 서로 자르게 되는 경우이다." 이들 중 어떤 것들은 (가) 원뿔, 원기둥, 반구처럼 고르지 않은 면들로 구성되어 있고, 어떤 것들은 (나) 평면처럼 고른 면들로 구성되어 (다면체를 만들고) 있다.

(2) 다른 분류 방법으로, 단순한 면은 평면과 구면, 이렇게 둘 뿐이며, 섞인 면은 다른 모든 면들을 일컬으며, 따라서 무수히 많은 종류가 있다.

헤론은 섞인 면들 중에 다음 것들을 특별히 언급하고 있다. (가) 원뿔의 면, 원기둥의 면 등등 평면과 원을 섞은 것. (나) 스피릭 곡면, 이것은 두 원둘레를 섞은 것. (작은 원을 만든 다음, 그것과 같은 평면에 놓여 있는 회전축을 따라 원운동을 할 때 이 곡면이 생기니, 이 두 원의 성분이 섞여 있다는 의미이다.)

프로클루스는 다음 언급을 덧붙여 놓았다. 희한하게도, 섞인 면은 단순한 선을 돌린 것에서 나올 수 있다. 스피릭 곡면이 그런 경우이다. 또는 섞인 선을 돌린 것에서 나올 수 있다. 포물선을 돌리면 직각원추가 생기며, 쌍곡선을 돌리면 또 다른 원추가 생기며, 타원을 장축 또는 단축을 따라 회전시키면 길쭉한 타원체 또는 넓죽한 타원체가 생긴다. 선의 경우에는 세 가지가 있었지만, 면의 경우 고른 면, 즉 어떠한 부분도 다른 어떠한 부분과 똑같이 일치하는 면은 단 둘(평면과 구의 표면) 뿐이다.

정의 6
면의 끝은 선들이다.

해설 아리스토텔레스가 말했듯이, 선을 정의할 때 면의 끝이라고 정의하는 것은 비과학적이다. 뒤에 나오는 개념을 사용하여 앞에 나오는 개념을 정의하는 게 되기 때문이다. 유클리드는 면을 가지고 선을 정의하는 것을 피하였으니, 이 반론에는 해당하지 않는다. 그러고 나서 선과 면 사이의 관계를 설정해야 하니까, 그 타협책으로 이것을 제시했다. 이전 시대에는 이것이 선의 정의로서 사용되었지만, 여기서는 설명으로 제시해 놓은 것이다.

정의 3의 경우도 마찬가지였지만, 아리스토텔레스는 어떤 입체를 잘랐을 때 그 단면이 면이 됨을 보였고([형이상학]), 또는 두 입체가 맞닿아 있을 때 그 부분이 면이 될 수 있음을 보였는데([범주론]), 유클리드는 이 말을 덧붙이는 것을 잊은 모양이다.

공의 표면과 같은 경우는 막혀 있지만 선으로 둘러싸인 것은 아닌데, 정의 6에서 말한 것이 어떻게 이런 경우에도 사실이 될 수 있는지, 프로클루스는 다음과 같이 설명해 놓았다. "공의 표면에 대해서 고려해 보자. 면이 계속 두 방향으로 뻗어 나간다고 생각하면, 면은 길이와 폭을 나타내는 선들에 의해 갇혀 있다. 그러니 공의 표면이 그 자체로 어떤 형태를 갖고 있어서 존재한다고 생각하면, 우리는 그 면의 끝들이 서로 만나서 하나가 되었다고 생각해야 한다. 그러니 그 끝은 (그 끝이 선으로서) 가능성으로 존재하지만, 실제로 존재하지는 않는다."

정의 7

평면은 직선들이 쭉 곧게 있는 것이다.

해설 이것은 직선의 정의를 낱말들만 바꿔서 만든 것이다. 즉 직선 대신에 평면을 넣고, 점 대신에 직선을 넣은 것이다. 프로클루스에 따르면, 일반적으로 직선에 대한 모든 정의들은 그 낱말만 살짝 바꾸면 평면에 대해 그대로 적용할 수 있다. 예를 들어 평면이란 "가운데가 끝을 덮는 면"이라고 할 수 있다. 이것은 플라톤이 직선을 정의한 것을 살짝 바꾼 것이다.

플라톤이 실제로 평면의 정의를 이렇게 내렸든, 또는 내리지 않았든, 유클리드가 평면을 "직선들이 쭉 곧게 있는 것"이라고 정의한 의도는, 그와 똑같은 개념을 시각에 의존하지 않고 표현하려 한 것이다. 직선의 경우에 마찬가지로 그랬던 것처럼.

정의 4에서 이미 설명했듯이, 프로클루스는 유클리드의 정의에서 아르키메데스 학파의 가정인 "만약 끝이 한 평면에 놓여 있다면, 같은 끝은 가지는 면들 중에 넓이가 최소인 것은 평면이다."라는 것을 읽어 내려고 애를 쓰고 있다. 그러나 내가 이미 말했듯이, 이런 뜻으로 해석하는 것은 불가능해 보인다. 그러나 심플리치우스는 이 의견을 따랐다. (안나이리치 참조.)

옛날의 다른 정의들

옛날의 다른 정의들로는 다음 것들이 있다.

1. "평면이란 가장 극도로 잡아당긴 면이다." 프로클루스는 이게 유클리드의 정의와 동등하다고 말했다. (그러나 이건 유클리드의 정의에 대한 프로클루스의 관점일 뿐이다.) 헤론은 "곧으며

잡아당긴"이라는 말을 유클리드의 정의에다 덧붙여 놓았다.

2. "같은 끝을 가지는 면들 중에 넓이가 최소인 면." 아르키메데스 학파의 가정을 인용하여서, 프로클루스가 이렇게 말한 것이다.
3. "모든 부분이 다른 모든 부분과 완전히 일치해 포갤 수 있는 면." (헤론)
4. "직선을 어느 부분에든 들어맞게 놓을 수 있는 면, 또는 직선이 모든 방향으로 들어맞는 면." (프로클루스)

이것을 다음과 비교해 보자.

5. "평면이란, 그 두 점을 지나도록 직선을 그으면, 그 직선이 모든 곳에서 면과 일치하는 것이다." 즉, 직선을 어떻게 놓더라도 항상 그 면에 놓여 있는 것이다. 이 말은 스미르나의 테온(Theon of Smyrna)이 쓴 글에 나타난다. 그러니 서기 1세기 이전에 나온 게 확실하다. 이것은 흔히 심슨(Robert Simson)의 정의라 간주되는 것과 일치하며, 유클리드의 정의의 대용으로 널리 쓰인다.

이 정의는 또한 안나이리치가 쓴 글에 나타난다. 그는 유클리드의 정의에 대한 심플리치우스의 설명을 인용한 다음(프로클루스의 개념과 동일하다), "다른 사람들은, 평면이란 거기에 있는 어떠한 두 점을 잡더라도, 그 두 점을 잇는 직선을 거기에 긋는 게 가능한 면이라고 정의한다."고 써 놓았다.

이런 정의들의 난점들

가우스는 베셀(Bessel)에게 보낸 편지를 통해서 다음과 같이 지적하였다. 평면을 얻으려면, 그 평면에 놓여 있는 한 직선과, 역시 그 평면에 놓여 있으면서 그 직선에 놓여 있지 않는 한 점을 주었을 때, 점에서 그 직선을 투영하면 된다. 그러니 평면을 "면에서 어떠한 두 점을 잡든, 그 두 점을 잇는 직선이 완전히 거기에 놓이게 되는 면이 평면"이라고 정의하는 것은 (이것을 심슨의 정의라고 부르자.) 필요 이상으로 많은 것들을 담고 있다. 사실 이 정의는 어떤 법칙, 아니 공리를 내포하고 있다.

평면에 대한 유클리드의 정의도 마찬가지이다. 평면은 거기에 있는 모든 "직선들이 쭉 곧게 있는 것"이라는 말인데, 사실 평면의 정의로서는, 그 면의 어느 한 고정된 점을 지나는 모든 직선들, 그리고 그 면에 놓여 있지만 그 점을 지나지 않는 직선의 여러 점들에 대해서, "쭉 곧게" 놓여 있다고 하면 충분하다.

그러나 유클리드의 관점으로는, 어떤 정의가 필요 이상으로 많은 정보를 포함하는 것은 아무런 상관이 없다. 만약 그 정의에서 말한 모든 성질들을 갖고 있는 물체가 실제로 존재함을 증명한다면 말이다. 그러나 평면의 경우는 그것이 존재함을 증명하지 않았다.

[기하학 원론] 제 1권, 2권, 3권, 4권, 그리고 제 6권은 평면기하학을 다루며, 평면이 존재함을 가정하고 있다. 그러나 평면의 성질에 대한 법칙은 제 11권에 가서야 비로소 등장한다. 게다가 11권을 보아도 평면이 존재함을 증명하려고 하지는 않는다. 즉 평면의 정의를 만족하는 면이 실제로 존재함을, 그걸 만들어서 증명하거나 하지는 않는다. 아마 점이나 직선과 마찬가지로, 이런 정의에 따른 평면이 존재함을 처음부터 가정하고 있는 것 같다.

아리스토텔레스에 따르면, 점과 직선이 존재함은 증명 없이 그냥 받아들여야 하며, 나머지 것들은 모두 실제로 존재함을 증명해야 한다. 아리스토텔레스가 평면기하학에서 주로 예를 들었으니 망정이지, 그렇지 않았다면 자신의 말에다 점과 직선 뿐만 아니라 평면을 추가해 넣었을 수도 있다.

그러나 평면의 정의를 어떻게 내리든, 평면의 본질적인 성질들을 밝혀내는 것은 매우 어렵다. 크렐레(Crelle)는 (1834년에 과학 학회에서 읽은) "Zur Theorie der Ebene"라는 글에서 이것을 상세하게 다루었다. 우리가 이 문제의 역사에 대해서 완전히 이해하려면 이 글을 반드시 고려해야 한다. 거기에 보면 다음과 같이 쓰여 있다.

유클리드 기하학의 거의 전부는 평면에서 펼쳐지고 있다. 그리고 기하학 원론 1권의 법칙 1을 이해하려면 평면의 개념이 꼭 필요하다. 그러니 평면에 대한 이론도, 예를 들어 평행선 공리가 사람들의 주목을 받은 것처럼, 최소한 그 정도 주목을 받았을 것 같다. 그러나 사실은 전혀 그렇지 않다. 아마 평행선 문제는 (그 과정에서 평면의 개념을 이미 가정하고 있으니) 평면에 비해서 훨씬 쉽기 때문일 것이다.

최근에 프랭클랜드(Frankland)가 쓴 책 [The First book of Euclid's Elements]를 보면, 평면이 어려운 까닭의 본질을 지적해 놓았다. 평면을 어떻게 정의하든, 평면을 결정하는 데 꼭 필요한 최소한의 것만 넣어서 가장 간단하게 정의를 하든, 아니면 심슨의 정의처럼 복잡하게 하든, 거기에 덧붙여 뭔가 다른 공리들을 가정해야만, 평면의 근본 성질들이나 다른 정의들이 옳음을 이끌어 낼 수 있게 될 것 같다. 크렐레도 심슨의 정의가 필요 이상으로 많은 것들을 담고 있음을 언급하였다.

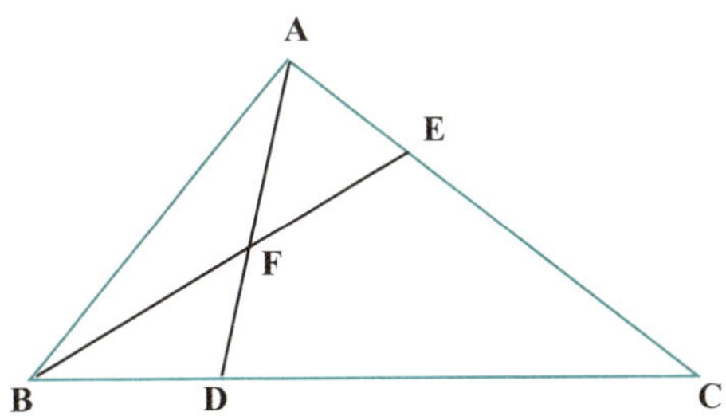

삼각형 ABC가 어떤 평면에 놓여 있다고 하자. 직선 BC에서 어떤 점이라도 좋으니 D를 잡은 다음 직선 AD를 긋고, 직선

AC에서 어떤 점이라도 좋으니 E를 잡은 다음 직선 BE를 그어라. 그러면 정의에 따라서 직선 AD는 이 삼각형의 평면에 완전히 놓이며, 직선 BE도 마찬가지이다. 그런데 두 직선 AD, BE가 한 평면에 완전히 놓여 있으니, 이 두 직선은 반드시 어떤 점에서 만난다. 만약에 이들이 만나지 않는다면, 평면이 한 개가 아니라 두 개 있다는 말이 되기 때문이다. 그 만나는 점을 F라 하자. 그러나 어느 한 직선 AD가 다른 한 직선 BE의 위나 아래로 지나가지 않고 이들이 서로 만난다는 사실은 그리 자명한 게 아니다.

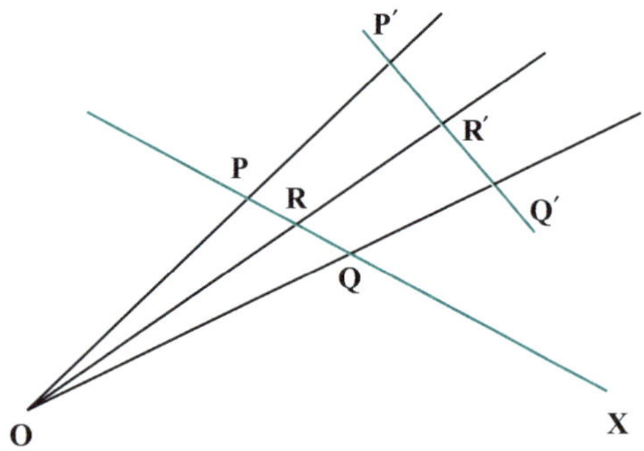

고정된 어떤 점과 고정된 어떤 직선을 지나는 직선들이 만드는 면이라고 평면을 정의한 것에 대해서, 프랭클랜드는 마찬가지 어려움을 지적하였다. 어떤 점 O와 직선 X를 주고, 점 O와 그 직선의 점 P, Q를 각각 지나는 직선 OPP', OQQ'를 잡아라. 직선 X에서 다른 어떤 점 R을 잡아라. 그러면 직선 OR과 직선 P'Q'가 어떤 점, 이를테면 R'이란 점에서 만남을 보여야 한다. 그러나 다른 어떤 공리가 없이는 이걸 어떻게 증명해야 할 지 짐작이 가지 않는다. 직선 P'Q'가 X와 만난다는 것을 보이는 일조차 쉬운 게 아니다.

크렐레의 글. 푸리에, 디나, 베커의 정의

크렐레는 좋은 정의의 기준으로, 될 수 있는 한 간단하고, 그 정의한 것의 성질들을, 간단한 원리들을 써서 그 정의로부터 쉽게 이끌어 낼 수 있어야 한다고 말했다. 크렐레는 푸리에(Fourier)가 내린 명쾌한 정의를 선호하였다. 즉 "공간에서 어떤 직선을 주었을 때, 그 직선의 한 점을 지나고 그 직선과 수직인 직선들을 모두 모은 것이 평면이다." (이 정의는 사실 기하학 원론 11권의 법칙 5를 이용한 것이다. 거기에 보면, 네 개의 직선이 있어서 그들 중 세 개의 직선이 나머지 한 직선과 수직이면, 그 세 직선은 한 평면에 놓여 있다고 되어 있다. 아리스토텔레스도 [기상학]에서 이 법칙을 사용하였다.)

그러나 크렐레는 이 정의로부터 필요한 성질들을 이끌어 낼 수 없었으며, 그래서 평면의 정의를 다음과 같이 바꿔야 했다고 고백했다. 이건 이미 나온 바 있지만, "평면이란 공간에 어떤 점과 직선이 있어서, 그 점과 직선을 지나는 모든 직선들의 길이 전부를 포함하는 면"이라고 정의하였다. 그 다음, 수많은 법칙들을 차례차례 만들어 나가서, 푸리에가 수직을 써서 정의한 평면이 방금 이렇게 정의한 평면과 완전히 같음을 보일 수 있었다. 그러니 이제 푸리에 평면의 성질들을 이 평면의 성질들과 더불어 쓸 수 있게 되었다.

푸리에의 정의가 좋은 점은, 삼각형의 합동 조건 두 가지, 즉 (1) 두 변의 길이가 각각 같고 그 사이에 낀 각의 크기가 같으면 합동, (2) 세 변의 길이가 각각 같으면 합동이라는 것을 사용하여서, 심슨의 정의가 나타내는 성질들을 쉽게 이끌어 낼 수 있다는 점이다. 그러나 크렐레는 이 두 가지 합동 법칙을 이끌어 내는 과정에서, 크기가 같은 각, 보각, 직각, 큰 각, 작은 각 등등에 관한 법칙들을 많이 사용하였다. 쇼튼(Schotten)은 이러한 개념들 자체가 평면의 개념을 이미 가정하고 있는 게 아니냐고 의문을 제기하였는데, 그럴 법한 의문이다.

푸리에는 '수직'이라는 용어를 사용하였는데, 이게 혹시 문제를 만들지도 모르지만, 그건 극복할 수 있다. 그러기 위해서, 디나(Deahna)는 논문에서 평면을 다음과 같이 만들었다. 직선과 구에 대해서 이미 안다고 하자. 어떤 구가 지름을 축으로 하여 회전하면, 표면에 있는 움직이는 점들은 모두 막힌 곡선(원)을 그리게 된다. 이 원들은 모두 자신을 따라서 돌게 되며, 이들 중 하나는 공의 표면을 두 개의 똑같은 부분으로 나눈다. 공의 중점과 이 원의 점을 지나는 직선들을 모두 모으면 평면이 된다.

베커(Becker)는 다음 사실을 지적하였다. ([Die Elemente der Geometrie], 1877) 직각의 한 변을 축으로 하여 회전시키면, 이 때 생기는 원뿔곡면은 다른 각을 돌렸을 때 생기는 원뿔곡면과 구별이 된다. 왜냐 하면 이 원뿔곡면은 이것과 위·아래를 바꾼 원뿔곡면과 일치하기 때문이다. 이 특성을 이용하면 직각이라는 말을 없앨 수 있다.

볼리야와 로바체프스키

볼리야(W. Bolyai)와 로바체프스키(Lobachewsky)도 디나와 비슷하게, 푸리에의 정의와 동등한 방법을 생각해 냈다. 이 아이디어는 라이프니츠가 처음 제시한 게 확실하다. 그들은 평면과 직선을 만드는 방법을 다음과 같이 제시하였다. 공간에서 두 점 O, O'를 고정시키고, 이 점들을 중점으로 하여 무수히 많은 구의 쌍들을 잡자. 즉 이 점들을 중점으로 하여 반지름이 같도록 두 구를 잡고, 반지름이 점점 커진다고 하자. 이렇게 크기가 같은 구면 한 쌍이 교차하는 것은 원이 되며, 이 원들을 모두 모으면 '평면'이 된다.

A가 이 원들의 (이 원을 k라 하자.) 한 점이라 하고, 두 점 M, M'이 A에서부터 동시에 움직이기 시작해서, 똑같은 속력으로 서로 반

대 방향으로 움직여서, 점 B에서 만나게 되더라고 하자. 그러면 B는 A의 '반대쪽' 점이며, A와 B는 원을 같은 길이로 둘로 쪼갠다.

두 점 A, B를 고정시킨 다음, 이 구조물 전체를 회전시켜서 O가 O' 자리에 가도록, O'가 O 자리에 가도록 해라. 그러면 원 k는 (다른 방향으로 돌려 놓았지만) 원래와 마찬가지 위치에 놓여 있다. 이렇게 돌려 놓았을 때, 다른 원들도 A, B처럼 움직이지 않고 가만히 있는 반대쪽 점들이 둘씩 있다. 이렇게 가만히 있는 점들을 모두 모으면 '직선'이 된다.

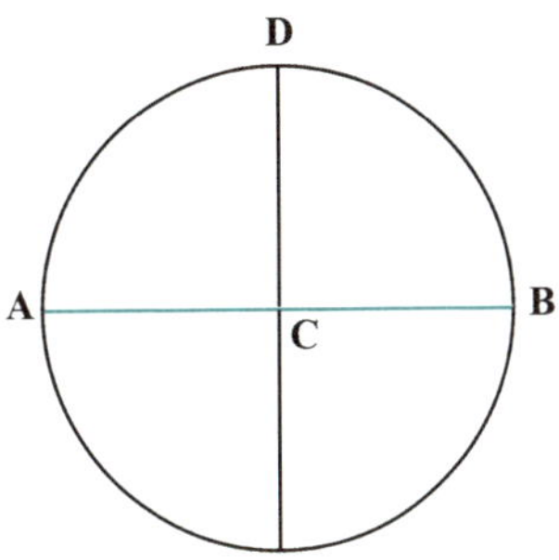

우리가 이렇게 정의한 '평면'은, OO'를 축으로 하여 이 직선을 회전시켜서 만들 수 있음을 주목하기 바란다. 그러니 다음과 같이 평면을 만들 수 있다. 앞에서와 마찬가지로 한 쌍의 구면이 만나서 만드는 원이 있는데, 두 점 A, B가 그 원을 똑같은 길이로 둘로 쪼갠다고 하자. 점 D가 호 ADB를 이등분한다고 하고, 선분 AB의 중점을 C라고 하자. 그러면 직선 CD가 결정되며, 이렇게 만든 직선은 AB에 대해 '수직'이라고 정의하자. AB를 축으로 하여 CD를 회전시키면 '평면'이 생긴다.

이렇게 하면, 심슨의 정의가 기술해 놓은 성질들은 기하학 원론 1권의 법칙 8, 법칙 4의 합동 이론을 써서 증명할 수 있다. 법칙 8은 대칭성과 균질성만 고려하면 증명해 놓은 그대로 받아들일 수 있다. 만약 O, O'를 중점으로 가지는 두 개의 크기가 다른 구가 서로 만난다면, 점 A와 반대쪽 점 B는 앞에서와 마찬가지로 이들의 교선(원)에서 잡을 수 있으며, OO'에 대해서 상대적으로 생각하면, 점 A는 점 B나 또는 이 원에 있는 어떠한 점과도 바꿔서 생각할 수 있다. 법칙 4도 간단하게 응용하여 증명할 수 있다.

로젠버거(Rausenberger)는 다음 이유들을 들어서 이 증명에 반대하였다. 전자는 두 구면이 교차하는 게 여러 선이 아니고 한 곡선이 됨을 가정하고 있다. 그리고 후자는 각들을 비교하고 있는데, 각들의 비교는 평면에서만 할 수 있다. 그러니 사실은 평면의 개념을 이미 가정하고 있는 것이다. 각의 비교에 대한 로젠버거의 비판은 지나치게 까탈스러운 것 같다. 그러나 1권의 법칙 8에 대한 증명이 만족할 만큼 엄밀한지 여부는 뭐라 답하기가 어렵다. (직선들을 이등분하기 위해서 점들이 같은 속력으로 움직이는 것을 이용한 것과는 상관이 없다.)

이 두 합동 법칙들을 이용하면, 심슨의 정의의 성질들을 다음과 같이 증명할 수 있다. 직선 AB가 있고, 이 직선이 평면을 만들려는 직선 CM, CN과 '수직'이라고 (볼리야 개념으로) 하자. 즉 직선 CM이 AB와 만드는 각들이 서로 크기가 같고, 직선 CN이 AB와 만드는 각들이 서로 크기가 같다고 하자. 직선 MN에 놓여 있는 임의의 점을 P라고 하면, 직선 CP가 직선 CM, CN과 마찬가지로, 직선 AB와 만드는 각들의 크기가 같음을 보이면 충분하다. 그러면 이 평면을 만드는 직선임을 보인 것이다.

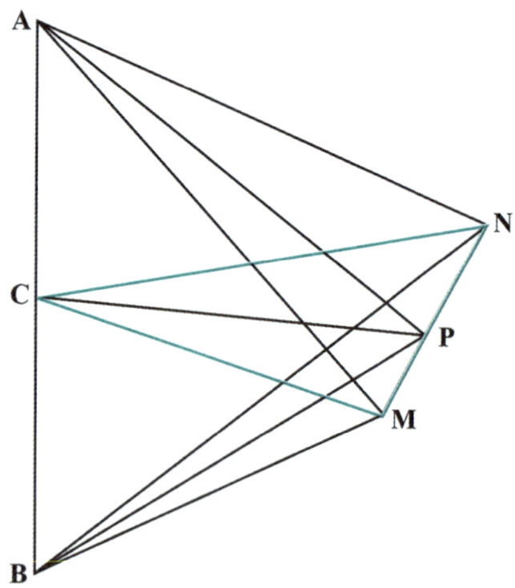

우리는 다음 삼각형들이 서로 합동임을 차례차례 증명해 보일 수 있다.

삼각형 ACM과 삼각형 BCM,
삼각형 ACN과 삼각형 BCN,
삼각형 AMN과 삼각형 BMN,
삼각형 AMP와 삼각형 BMP,
삼각형 ACP와 삼각형 BCP.

그러므로 각 ACP와 각 BCP는 크기가 같다.

다른 관점들

엔리케와 아말디(Enriques and Amaldi, [Elementi di geometria], Bologna, 1905), 베로네스(그가 쓴 [Elementi]), 힐베르트는 모두 심슨의 정의에서 말하는 성질을 공리라고 받아들인다. 그러나 잉그라미(G. Ingrami, [Elementi di geometria], Bologna, 1904)는 훨씬 범위가 좁은 공리들을 바탕으로, 여러 법칙들을 아주 치밀하게 전개하여서 이것을 증명하였다.

잉그라미는 평면의 이론을 삼각형에서 출발하였다. 삼각형이란 단지 세 변이 있는 물체, 즉 세 직선으로 된 뼈대만 있다는 데에서 시작하였다. 그는 꼭짓점과 그 맞은편 변에 있는 점을 연결하는 직선은, 다른 한 꼭짓점과 그 맞은편 변에 있는 점을 연결하는 직선과 만난다고 가정하였다. 역으로 꼭짓점과 그 맞은편 변에 있는 점을 연결하는 직선에서 한 점을 잡으면, 다른 한 꼭짓점에서 그 점으로 그은 직선을 길게 늘이면 맞은편 변과 만나게 된다고 가정하였다. 이제 삼각형이란 세 꼭짓점과 그 맞은편 변의 점들을 잇는 선분들을 모두 모은 것이라고 정의하였다.

일련의 법칙들을 거쳐서, 잉그라미는 평면이란 삼각형 내부의 한 점에서 삼각형의 변에 있는 점들로 그은 반직선들을 모두 모은 것이라고 정의하였다. 그리고 또 두 개의 법칙들을 거쳐서, 평면은 한 직선에 놓여 있지 않은 세 점에 의해서 결정됨을 증명하였다. 그리고 직선의 두 점이 어떤 평면에 놓여 있으면, 그 직선의 모든 점들이 그 평면에 놓여 있음을 증명하였다.

볼리야와 로바체프스키가 평면을 만들어 낸 논리는, "평면이란 공간에 두 점이 고정되어 있을 때, 그 두 점으로부터 거리가 같은 점들을 모두 모은 것"이라는 정의와 동등하다.

라이프니츠는 지오다노(Giordano)에게 보낸 편지에서, 평면이란 공간을 두 개의 똑같은 부분으로 쪼개는 것이라고 정의하였다. 그러나 지오다노는 공간을 면으로 쪼개거나 평면을 선으로 쪼갤 때, 그게 평면이나 직선이 아니더라도 똑같은 두 부분으로 쪼갤 수 있음을 지적하였다. 지오다노의 비판을 피하기 위해서, 비즈(Beez, [Über Euklidische und Nicht-Euklidische Geometrie], 1888)는 이 정의에다 경계면이 여전히 일치한 채 두 공간이 서로 미끄러질 수 있다는 조건을 덧붙이면 이 정의가 완전하게 된다고 했다. 그러나 평면의 모든 부분이 다른 모든 부분과 똑같이 겹칠 수 있다는 개념은 아주 옛날에 이미 제기되었다. 우리가 앞에서 보았듯이, 헤론이 주장한 것이었다.

정의 8

평면에 있는 두 선이 서로 만나고, 그들이 한 직선에 놓여 있지 않을 때, 그들이 서로 기운 정도를 각이라 부른다.

정의 9

각을 만드는 선이 둘 다 직선일 때, 그 각을 직선각이라 부른다.

해설

정의 8은 직선들로 된 각 뿐만 아니라 곡선들로 된 각에도 적용하려는 의도를 드러내고 있는데, 그렇다면 "직선에 놓여 있지 않을 때"라는 표현은 약간 이상하다. 이 표현 대신에, 그들이 서로 이어져 있다는 말이 나와야 자연스러울 것 같다. 실제로 헤론은 그런 뜻으로 받아들이고 있다. 왜냐 하면, 그는 선들이 서로 이어진 게 아님이 무슨 뜻인지 그 설명을 여기에 붙여 놓았기 때문이다.

유클리드는 처음에 직선각을 정의하려고 한 것 같은데, 당시에는 곡선으로 된 각도 일반적으로 인정하고 있었기 때문에, 유클리드는 생각을 바꿔서, '직선'을 '선'이라 고치고 정의를 둘로 가른 것 같다.

모든 증거들을 바탕으로 판단했을 때, 유클리드가 각을 '기운 정도'라고 정의한 것은 완전히 새로운 시도였음이 확실하다. 아리스토텔레스는 이 낱말을 사용하지 않았다. 아리스토텔레스가 쓴 글을 보면, 당시 각에 대한 개념은 선들이 굽은 것이나 꺾인 정도라는 것이 일반적이었다. 그는 한 개의 선이 굽어서 각을 만든다는 말을 한 적이 있다. ([형이상학])

프로클루스는 이 정의에 대해서 길고 상세하게 설명해 놓았는데, 상당한 부분은 그의 스승인 시리아누스(Syrianus)의 업적을 그대로 인용한 것이다. 거기에 나오는 두 반론은 사실 문제가 없다. 한 가지는, 만약 기운 정도가 각이라면, 어떻게 기운 것 하나가 두 각들을 만들 수 있느냐고 묻고 있다. 다른 한 가지는, 이 정의가 선 하나가 자신과 합쳐져 각을 만드는 경우를 배제하는 게 아닌가 하는 문제이다. 예를 들어 질주선(cissoid)이 자신과 만나서 뾰족한 부분이 생기고,

히포피드(hippopede)도 있다. 그러나 이러한 각들은 좀더 수준 높은 기하학에 속하며, 어쨌든 유클리드가 이것들을 빠트렸다고 해서 탓할 일은 아니다.

옛날의 다른 정의들. 아폴로니우스, 플루타크, 카푸스.

프로클루스는 다른 흥미 있는 정의들을 기록해 놓았다. 아폴로니우스는 각을 어떤 선이나 면이 한 점에서 꺾여 있어서, 면이나 입체가 거기에서 모이는 것이라고 정의하였다. 여기서도 보면, 각이란 한 선이나 면이 꺾여서 만드는 것이라고 하였다.

이보다 더 흥미 있는 정의는, 그 점에서 첫 번째 거리가 바로 각이라고 표현하는 정의일 것이다. 플루타크(Plutarch)도 그런 정의를 제시하였으며, 그는 아폴로니우스도 이것을 의미했다고 주장한다. 그에 따르면, 각을 만드는 선들이나 면들이 꺾여서 나가는 곳에서 뭔가 첫 번째 거리가 있게 마련이다. 그러나 점에서 거리는 이어져 있으니, 실제로 첫 번째 거리를 찾는 것은 불가능하다. 왜냐 하면, 모든 거리는 한없이 계속 쪼갤 수 있기 때문이다.

여기서 '거리'라는 말이 약간 애매하게 쓰이고 있다. 그래서 "첫 번째 거리를 구별해 낼 수 있다고 치자. 그렇다면 그 첫 번째 거리를 지나도록 직선을 그으면, 그건 삼각형이지 각이 아니다."라는 반론을 불러 일으켰다.

이런 반론에도 불구하고, 플루타크와 다른 사람들의 사상에는 무한소라는 귀중한 개념이 싹트고 있음을 알 수 있다. 이들의 시도는 불완전했고 실패로 끝났지만, 두 선들이 만나는 점으로 갈 때 그 거리 비율을 구해서, 그들이 만드는 각을 재는 단위로 사용하려고 한 값진 시도였다.

각에 대한 세 번째 관점은 카푸스(Carpus)의 것이다. 그는 다음과 같이 말했다. "각이란 어떤 양이다. 즉 그것을 포함하고 있는 선들이나 면들 사이의 거리를 말한다. 즉 한 방향으로 된 거리(또는 멀어지는 정도)를 말한다. 비록 각은 직선의 경우와 다르지만, 한 방향으로 뻗어 있는 게 선만은 아니다." 그런데 "한 방향으로 뻗어 있는" 것이라는 표현은 선을 정의할 때 사용하니, 카푸스의 개념은 커다란 모순처럼 보인다.

이런 어려움이 생긴 까닭은, 이 새로운 개념을 표현할 적당한 낱말이 없기 때문일 것이다. 카푸스는 거리가 아니라 그 벌어진 정도라는, 각에 관한 현대의 개념을 이미 알고 있었음이 확실하다. 그는 한 방향(회전할 때)이라는 말을 직선처럼 한 방향으로 곧게 뻗어 있는 것과 구별해 사용하였다.

각은 어떤 범주에 속하는가?

철학자들은 각이 과연 어떤 범주(아리스토텔레스의 도식에 따른)에 속하는가를 놓고 많은 논쟁을 하였다. 바꿔 말하면, 각은 어떤 양인가? 질인가? 아니면 관계인가?

1. 각을 '양'의 범주에 넣은 사람들은, 평면의 각은 선으로 나눌 수 있고, 입체각은 면으로 나눌 수 있다는 사실에서 논쟁을 시작한다. 그런데 선에 의해서 나눠지는 것은 면이고, 면에 의해서 나눠지는 것은 입체이니, 각이란 면 또는 입체이며, 따라서 양이라고 결론을 내린다.

그러나 평면각들이 서로 같은 성질의 유한한 양들이라면, 그들은 서로 간에 어떤 비율이 있어야 하며, 작은 각이라도 계속 곱하면 다른 각보다 더 커질 수 있어야 한다. 그러나 직선으로 된 각과 뿔처럼 뾰족한 각의 경우를 보면 그렇지가 않다. 여기서 "뿔처럼 뾰족한 각" 이란, 원과 그에 접하는 직선이 만드는 각을 말한다. 3권의 법칙 16에서 증명하였듯이, 이 각은 어떠한 직선각보다도 더 작다. 이 반론은, 두 각들이 서로 같은 종류라고 가정하고 있음을 주목하기 바란다.

플루타크와 카푸스는 어쨌든 간에 각을 양이라고 분류한 학자들에 속한다. 그리고 앞에서 말했듯이, 플루타크는 아폴로니우스가 자신의 관점을 지지한다고 주장한다. 그러나 아폴로니우스는 면이나 입체가 거기에서 모이는 것이라고 말했는데, 유클리드가 쓴 기운 정도라는 낱말과 마찬가지로, 이 낱말이 양을 뜻한다고 보기는 어렵다. 그렇기 때문에 심플리치우스는 아폴로니우스의 말을 "차원이 있는 어떤 양이며, 그 끝은 한 점에서 모인다."고 바꿔 놓았다.

2. 소요학파 철학자인 유데무스(Eudemus)는 각에 대해서 한 권의 책을 저술하였는데, 그는 각이 '질'의 범주에 속한다고 주장한다. 아리스토텔레스는 질에 대한 네 번째 종류로서 "어떤 사물에 존재하는 형태나 생김새, 그리고 쭉 곧음, 굽음 등등과 같은 것들"이라고 말을 하였다. ([범주론]) 그는 각각의 사물에 대해서, 어떤 형태란 그 사물의 질이며, 그 보기로서 삼각형과 사각형을 들고, 그것들은 더 많다거나 더 적다거나 하는 양의 문제가 아니라고 말했다. 그리고 [자연학]에 보면, 각, 곧음, 원형은 일종의 도형이라고 말했다. 그러니 아리스토텔레스는 꺾임을 곧음이나 굽어 있음과 같은 범주에 넣은 게 확실하다.

어쨌든, 유데무스는 각의 근원은 선들이 꺾이거나 또는 굴절되어 나가는 것이라고 여겼다. 만약 쭉 곧은 것이 질이라면, 굴절되어 나가는 것도 질이다. 어떤 것의 근원이 질이면, 그것 자체도 질이라고 유데무스는 주장하였다.

이 관점에 반대하는 사람들은 다음과 같이 따진다. 만약 각이 뜨거움과 차가움처럼 질이라면, 각을 어떻게 이등분할 수 있는가? 그런데 각은 실제로 쪼갤 수 있다. 쪼갤 수 있는 것은 그 본질적인 성질이 양이며, 질이 아니다. 그러므로 각은 질이 될 수 없다. 게다가, 질의 성질로는 '더욱더' 또는 '덜'이라는 말이 적당하며, '같다' 또는 '다르다'라는 말은 적당치 않다. 그러므로 만약 각이 질이라면, 우리는 각들이 더 크다 또는 더 작다는 말을 할 수 없고, 하나는 더욱더 각이고 다른 하나는 덜 각이라고 말해야 한다. 그리고 두 각이 다르다라는 말 대신에, 두 각이 닮지 않았다라고 말해야 한다.

실제로 심플리치우스가 아리스토텔레스의 [천체론]에 대해 설명한 것을 보면, 각을 질의 범주에 넣은 사람들은 같은 각이라는 말 대신에 닮은 각이라는 말을 사용하였다고 한다. 그리고 아리스토텔레스 본인도 이런 의미로 닮은 각이라는 말을 [천체론]에서 사용한 적이 있다.

3. 유클리드를 비롯하여, 각이란 기운 정도라고 말을 한 사람들은 모두 각을 '관계'의 범주에 넣었다고 시리아누스가 말했다. 그러나 유클리드는 각을 양이라고 여긴 게 확실하다. 각에 대해서 다루고 있는 최초의 법칙들인 1권 법칙 9, 법칙 13을 보거나, 또는 정의 10을 보거나, 또는 그가 각이란 그 각을 만드는 두 선 사이에 놓여 있다고 말하는 것을 보면 알 수 있다.

프로클루스는 이 세 관점 사이에 진실이 놓여 있다고 덧붙여 놓았다. 즉 각은 이 모든 범주에 포함된다. 각은 같다, 다르다, 이등분한다 등등의 개념이 있으니, 양의 범주에 포함되어야 한다. 그리고 어떤 형태가 있으니, 질의 범주에 포함되어야 한다. 그리고 그 각을 만드는 선과 그 각이 놓여 있는 평면 사이의 어떤 관계를 말한다.

옛날에 각을 분류한 방법

프로클루스는 다음과 같이 각을 상세하게 분류해 놓았는데, 이건 아마 제미누스가 한 것 같다. 이것을 다음 표로 나타내었다. 여기 나오는 말 중에 "직선, 원둘레"라는 말은 직선과 원둘레가 만나서 만드는 각을 말하며 "직선, 볼록"이라는 말은 직선과 바깥으로 볼록하도록 원둘레 곡선이 만나서 만드는 각을 말한다. 다른 낱말들도 이런 식으로 해석하기 바란다.

— 각
 — 입체각
 — 면에서의 각
  — 섞인 면(원뿔, 원기둥 등등)에서
  — 단순한 면에서
   — 구의 표면에서
   — 평면에서
    — 단순한 선들로 만듦
     — 직선, 직선
     — 직선, 원둘레
      — 직선, 볼록 (예, 반원의 각)

— 직선, 오목
(예, 뿔처럼
뾰족한 각)
— 원둘레, 원둘레
— 볼록, 볼록
— 오목, 오목
— 볼록, 오목
(예, 초승
달 모양)
— 섞인 선들로 만듦(예, 질주선
이나 히포피데 모양의 곡선
이 만드는 각)
— 이들을 각각 하나씩 하나씩
가지고 만듦(예, 타원과 그
축이 만드는 각, 또는 타원
과 원이 만드는 각)

각의 정의들을 분류함

점, 직선, 평면 뿐만 아니라 각에 대해서도, 쇼튼은 현대의 여러 관점들이 제시하는 분류, 비판 등등을 요약해 놓았다. ([Inhalt und Methode des planimetrischen Unterrichts], II, 1893) 베로네스가 그 이후의 발전들을 정리해 놓았는데, 아말디의 [Questioni riguardanti le matematiche elementari], I(Bologna, 1912)를 참조하기 바란다.

쇼튼에 따르면, 한두 가지 예외만 제외하고, 각의 정의는 다음 세 가지 종류로 나눌 수 있으며, 이들은 다음의 관점들을 제시한다.

1. “각은 두 직선이 가리키는 방향의 차이이다.” (유클리드가 기운 정도라고 말한 것은 이 관점과 통한다.)
2. “각이란 그것을 만들고 있는 두 선에 대해서, 한 선은 고정시켜 놓고, 한 선은 그 평면에서 벗어나지 않은 상태로 회전시켜서 다른 선과 일치하도록 만들 때, 그 때 돌려야 하는 회전의 양이다.”
3. “한 평면에 있는 두 직선이 한 점에서 만나는데(두 직선이 한 점에서 뻗어 나갈 때), 각이란 그 두 직선 사이에 놓여 있는 평면의 양이다.”

그런데 각의 정의를 2와 다르게 내려놓은 교과서들을 보면, 그들 대부분은 각과 회전의 관계를 설명하는 내용을 곧바로 덧붙여 놓고 있다. 이것을 보면, 각의 본질이 회전과 밀접한 관계가 있음을 알 수 있다. 그러므로 각을 잘 정의하려면, 각과 회전의 관계를 살펴보아야 한다.

1의 정의는 아무리 봐도 동의어 반복이 되고 만다. 즉 순환논리가 되고 말았다. 왜냐 하면, 이 정의는 각의 개념을 이미 가정하고 있기 때문이다. 두 점을 주었을 때, 그들 사이의 ‘방향’이란 근본 개념임이 의심할 여지가 없다. 방향이란 “두 점 사이의 직접적인 관계이며, 선을 그으면 여실하게 나타낼 수 있다.”고 정의할 수 있다. (쇼튼) 그러나 “방향은 어떤 정도를 나타내는 양이 아니다. 따라서 두 방향은 어떤 양적 차이를 가질 수가 없다.”고 뷰클렌(Bürklen)이 말했다.

방향은 제각각 하나의 존재일 뿐, 방향의 차이라든가 정도는 있을 수가 없다. 그러니 “방향이 차이난다.”고 말을 하면, 그건 방향의 의미를 모호하게 사용한 것이다. 방향은 다만 “다른 방향”이 있을 뿐이다. 그러니 각의 개념을 방향의 차이로 설명하는 것은 무의식중에 방향 이외의 개념에 매달리는 게 되며, 각 자신과 동등한 개념을 이용하는 게 된다.

현대 이탈리아의 관점

아말디에 따르면, 2의 정의는 각의 개념을 어떤 직선이 평면에 놓여 있으면서 한 점을 중심으로 회전하는 것에 바탕을 두고 있다. 이 개념을 논리적으로 잘 표현하면, 각을 편리하게 도입할 수 있어 보인다. 그러나 이건 거리 개념과 관계가 없이 이루어져야 하며, 합동 개념과도 상관이 없이 이뤄져야 한다. 그러니 일단 각의 개념을 도입하고 나서, 그 다음에 (크기가) 같은 각들이라는 개념을 소개해야 한다.

3의 정의는 거리 개념을 도입하지 않은 점은 만족스럽다. 그러나 이 정의는 각에 대한 직관적인 개념과 맞지 않는다. 베로네스가 말했듯이, 우리는 각을 구성하는 성분이 선들이라고 생각하면 각에다 일차원의 양이라는 개념을 주고, 각을 구성하는 성분이 점들이라고 생각하면 각에다 이차원의 양이라는 개념을 준다. 부채꼴 모양을 생각하기 바란다. 그러나 이런 난점은, 각을 "꼭짓점에서 그 사이에 놓이도록 뻗어 나오는 직선들을 모두 모은 것"이라고 생각하면 해결이 된다.

평면이 원래부터 갖고 있는 약간의 성질들로부터 논리를 전개하여 각의 정의를 이끌어 내는 방법으로, 아말디는 (1) 발생적인 방법, (2) 실제적인 방법을 구별해 제시하였다.

(1) 평면에서 어떤 직선이 한 점을 축으로 하여 회전한다고 하고, 이 때 생기는 직선들을 모두 모으면 (한 점을 지나는 직선들의 모음, 또는 한 점을 끝점으로 하여 뻗어 나가는 직선살들의 모음) 뭐가 되는지 생각하자. 직선이나 직선살들이 회전하며 배열해 있는 집합이 된다. 그 다음, 한 평면에 이런 집합들이 여러 개 있을 때, 그들 사이의 관계를 비교해 보아야 한다.

(2) 실제적인 방법으로 각을 만들기 위해서는, 우선 어떤 직선이 평면을 두 부분(반평면들)으로 쪼갠다고 하자. 그 다음, 두 직선 a, b가 이 평면의 한 점 O에서 만나며, 이 두 직선은 평면을 네 부분으로 쪼갠다고 하자. 그러면 각 ab 또는 각 ba는 점 O에서 뻗어 나오는 직선살(반직선)들 중에, 네 부분 중 a와 b를 변으로 가지는 한 부분에 놓이는 것들을 모두 모은 것이라고 정의할 수 있다.

베로네스가 쓴 [Elementi]를 보면, 다음과 같이 전개해 나간다. 그는 다음과 같이 평면을 정의하고, 여기에서 나오는 평면의 성질들을 바탕으로 출발한다.

직선 r이 있고, 그에 평행한 직선 r'이 있다. 어떤 점 P를 r'에서 잡고, 직선 r의 점과 점 P를 잇는 직선들을 모두 모아라. 이 직선들의 집합이 바로 평면이 된다. 그러므로 우리는 평면을 만드는 근본 성분이 직선이라고 볼 수 있다. 즉 점 P에서 끝나는 직선살들이 근본 성분이라고 봐도 된다.

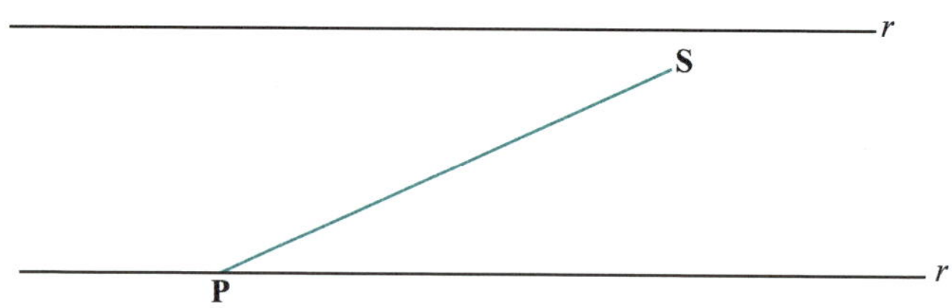

이 방법을 써서 평면을 만들 때, 직선 r에 대한 평행선을 사용하고 있다. 그러나 이건 베로네스에게 문제가 되지 않는다. 왜냐 하면, 그는 평면을 사용하지 않은 채, 점 O에 대해서 뒤집는 것 또는 반대쪽 도형이라는 개념을 써서 평행선을 정의하였기 때문이다. “두 직선이 있어서, 한 직선에 있는 두 점을, 이 두 직선을 잇는 선의 중점에 대해서 뒤집었을(중점에 대해서 반대쪽에 놓이도록 잡았을) 때, 그 두 점이 다른 직선에 놓이게 되면, 이 두 직선은 서로 평행하다."

그는 공리들을 바탕으로, 평행선 r' 이 Pr 평면에 속함을 보였다. 잉그라미는 평면을 "삼각형 내부의 한 점(삼각형의 한 꼭짓점에서 반대쪽 변으로 그은 직선에 놓여 있는 점)에서 삼각형의 변을 향해 그은 직선살(반직선)들을 모두 모은 것"이라고 정의하여 평행선을 쓰는 것을 피했다. 그리고 직선살들의 집합을 "평면의 어떤 점에서, 그 점을 내부점으로 가지는 삼각형의 변들을 향해 그은 반직선들을 모두 모은 것"이라고 정의하였다.

베로네스는 각을 다음과 같이 정의하였다. "직선살들의 집합에서, 두 직선살들에 갇혀 있는 것들을 모두 모은 것." 직선에서 선분이라는 말이, 두 점 사이에 갇혀 있는 점들을 모두 모든 것을 뜻함과 같은 맥락이다.

"어떤 각에서, 갇히게 막고 있는 직선살들이 서로 반대쪽에 놓여 있으면, 그 각을 평각이라 부른다."

그러고 나서 직선의 토막과 직선에 대한 공리를 도입한 다음, 모든 평각들은 서로 크기가 같음을 증명하였다.

그러므로 그는 다음과 같이 결론을 내렸다. "직선살들을 모은 집합은 균질한 선형적 체계이며, 거기에서 기본 원소는 점이 아니라 직선살(반직선)이다. 이 집합이 균질한 선형적 체계이니, 직선에 대한 (베로네스) 공리 1에서 나오는 모든 법칙들이 그대로 적용된다. 즉 선분의 덧셈이나 뺄셈 같은 것들이 그대로 적용된다. 점 대신에 직선살을 넣고, 선분 대신에 각을 넣기만 하면 된다."

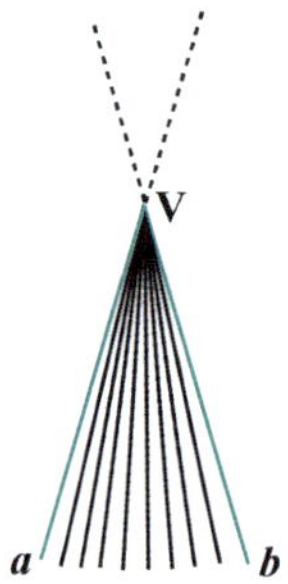

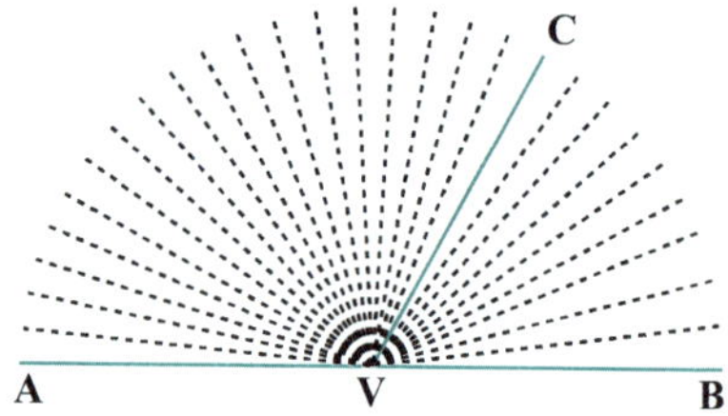

정의 10

직선에다 다른 한 직선을 세웠을 때, 이웃한 각들이 크기가 서로 같으면, 그 각을 직각이라 부른다. 이 때 세운 직선은 원래 직선과 수직이다.

정의 11

둔각은 직각보다 큰 각이다.

정의 12

예각은 직각보다 작은 각이다.

해설 정의 10에서, 이웃한 각이라는 말은 바로 옆에 붙어 있는 각을 가리킨다.

수직이라는 말은 똑바로 아래로 드리움을 뜻한다. 수직선이라는 말이 완전한 표현이다. 원래 이 개념이 뜻하는 것은, 실에다 추를 매달아 팽팽하게 당겨서 지표면에 닿도록 함을 뜻한다. 프로클루스에 따르면, 옛날 사람들은 수직선을 노몬(gnomon)의 선이라고 불렀다. 노몬은 직각으로 꺾여 있는 자이며, 이것을 땅바닥에 놓으면 땅바닥과 수직을 이루게 된다.

플라톤의 [국가론]에 따르면, 기하학자들은 이 세 종류의 각들을 받아들이고, 이것들로부터 이론을 전개해 나간다. 그러나 이 세 각들에 대해서는 아무런 설명도 하지 않았다. 왜냐 하면, 이것들은 명백하기 때문이다.

아리스토텔레스는 직각과 예각 중 어느 것이 먼저인가를 따졌다. ([형이상학]) 어떻게 보면 직각이 먼저인 것 같다. 즉 정의하는 것이나 또는 그 개념을 보면 그런 것 같다. 또 어떻게 보면 예각이 먼저인 것 같다. 즉 예각은 직각의 부분이며, 직각은 예각들로 쪼갤 수 있으니, 예각이 물질로서 먼저인 것 같고, 형태로 보면 직각이 먼저인 것 같다.

[형이상학]을 보면 다음과 같이 적혀 있다. "직각이라는 개념은 예각으로 쪼개지는 게 아니며, 그 반대이다. 즉 우리는 예각을 정의할 때 직각을 이용한다." 프로클루스에 따르면, 우리는 도형의 높이를 잴 때 수직을 이용하며, 우리는 직각을 기준으로 각들의 크기를 구별한다. 그렇게 하지 않으면 각들은 서로 구별할 수 없다.

아리스토텔레스의 [문제집]을 보면, 다음과 같은 흥미 있는 문제가 나온다. 물체가 땅에 떨어져 다시 튀어오를 때, 물체는 왜 땅에 닿은 지점의 양쪽으로 "같은" 각들을 만들게 되는가? 그리고 "직각은 서로 반대되는 각들의 극한"임을 관찰하고 있다. 그러나 여기서 말하는 반대되는 각들이란 보각들(예각과 둔각)을 가리키는 게 아니라, 수직선의 양쪽으로 지면에 대해서 만드는 같은 크기의 각들을 가리킨다.

프로클루스는, 과연 그답게, 직각보다 작은 각이 예각이라는 말이 무조건 참은 아님을 지적하고 있다. 예를 들어 (1) 뿔처럼 뾰족한 각

(원둘레와 접선으로 만든 각)은 직각보다 작다. 왜냐 하면, 어떠한 예각보다도 작기 때문이다. 그러나 이건 예각이 아니다. 그리고 (2) 반원의 각(원둘레와 지름이 만드는 각)도 직각보다 더 작지만, 예각은 아니다.

직각이 실제로 '존재'함은 1권 법칙 11에서 증명하고 있다.

정의 13

둘레는 어떤 것의 끝이다.

해설 프로클루스에 따르면, 둘레라는 말이 기하학의 시작을 나타내기에 적절하다. 기하학은 땅의 넓이를 재는 데에서 시작하였으며, 그것은 경계선을 긋는 일과 관계가 있다.

정의 14

도형은 둘레나 둘레들에 둘러싸인 것이다.

해설 플라톤이 쓴 [메논]을 보면, 둥그스름한 것은 "도형(형태)"이며, 쭉 곧은 것과 다른 여러 것들도 도형(형태)이라고 관찰해 놓았다. 그 다음에 그는, 이들 모두에게 공통인 것이 무엇이기에, 우리는 이들 모두에게 "도형"이라는 낱말을 붙이느냐고 따졌다. 플라톤은 다음과 같이 답한다. "도형에 대해서 말하겠는데, 입체가 끝나는 것이 바로 도형(형태)이다. 간단하게 말해서, 입체의 끝이 도형(형태)이다."

첫 번째 관찰은 아리스토텔레스의 [자연학]에 있는 것과 비슷하다. 거기에 보면, 각, 직선, 원주 등등을 도형의 종류라고 언급하고 있다. [범주론]에 보면, 도형이라는 말을 곧음이나 굽음과 마찬가지로 질의 범주에 넣어 놓았다. 그러나 여기서 말하는 "도형"이라는 용어는, 우리가 생각하는 도형의 개념이라기보다, 오히려 '형태'라는 개념에 더 가까운 것 같다.

우리가 생각하는 도형의 개념에 가까워진 것으로, 아리스토텔레스는 도형이란 "어떤 종류의 양"이라고 인정하고 있다. ([영혼에 관하여]) 그리고 그는 평면도형을 두 종류로 나누고 있다. 유클리드의 말과 비슷한데, 직선으로 둘러싸인 것과 곡선으로 둘러싸인 것이 있다. "모든 평면도형은 직선으로 되어 있거나 또는 곡선으로 되어 있다. 직선으로 된 것은 여러 개의 직선으로 둘러싸여 있으며, 곡선으로 된 것은 하나로 둘러싸여 있다." ([천체론]) 그는 조심스럽게, 평면은 도형이 아니며, 도형은 평면이 아니라고 설명하고 있다. 평면도형은 하나의 개념이며, 도형의 종류들 중의 하나이다. ([분석론 후서])

아리스토텔레스는 도형을 일반적으로 정의하려고 하지는 않았다. 그는 이게 쓸데없는 일이라고 말한다. "이것을 보면, 만약에 도형에 대한 정의가 하나라면, 영혼에 대한 정의도 하나로 될 것이다. 도형의 경우는 삼각형, 사각형 등등 이외에는 아무런 도형도 없게 될 것이며, 마찬가지로 위에서 언급한 것들 이외에는 아무런 영혼도 없게 될 것이다. 정의를 내리려면, 몇 개의 특별한 도형 뿐만 아니라 모든 도형에 적용할 수 있도록 내려야 하며, 영혼의 종류에 대해서도 마찬가지이다. (그러나 이렇게 일반적으로 정의하면 아무런 쓸모가 없게 된다.) 그러니 지금 여기서든, 나중에 어디에서든, 일반적인 정의를 찾아보아도 실제로 존재하는 것들의 정의로서 잘 맞지 않으며, 우리 앞에 있는, 더는 줄일 수 없는 이 특별한 종류에 대해 적용할 수 없음이 뻔하다. 그러니 이 경우는 정의를 하지 않는 게 온당하다." ([영혼에 관하여])

유클리드의 정의를 위의 것과 비교해 보면, 유클리드는 '둘레'라는 말을 넣어서, '직선'을 제외해 버렸다. 반면에 아리스토텔레스는 '직선'도 도형으로 분류하였다.

유클리드는 '각'도 제외한 게 확실하다. 이 사실은 다음을 보면 알 수 있다. (1) 헤론이 "한 직선이나 두 직선으로는 도형을 만들 수 없다."고 말한 것. (2) 직선에 대한 다른 정의로서 "자신과 같은 종류와 더불어 도형을 만들 수 없는 것"이라는 말. (3) 제미누스가 도형을 만드는 선과 한없이 뻗어 나가는 선을 구별한 것. 쌍곡선과 포물선도 후자에 포함이 된다.

플라톤이 도형을 "입체의 끝"이라고 표현한 것과는 달리, 유클리드가 말하는 도형은 둘레 또는 둘레들을 가지는 것이다. 마지막으로, 아리스토텔레스의 반론에도 불구하고, 유클리드는 모든 종류의 평면도형, 입체도형들을 망라하여 일반적으로 정의를 하려고 시도하였다. 그러니 유클리드의 이 정의는 자신의 독창적인 것임이 확실하다.

도형에 대한 다른 관점으로, 플라톤의 [메논]에 나오는 것과 비슷한데, 프로클루스가 포시도니우스의 것이라고 말한 게 있다. 포시도니우스는 '도형'을 '둘러싸는 끝부분'이라고 간주하였다. "도형의 개념을 양(크기)에서 분리하여, 그게 정의, 극한, 포함 … 의 근원이 되도록 했다. 그러므로 포시도니우스는 바깥에서 보았을 때 보이는 경계선만 생각한 것 같다. 반면에 유클리드는 내용물 전부를 생각했다. 그러므로 유클리드는 원이라고 말할 때, 평면에서 둥그런 곡선에 둘러싸여 있는 안쪽 전부를 말하며, 반면에 포시도니우스는 그 둘레만을 말한다. 포시도니우스는 도형이라는 개념을, 어떤 양을 '둘러싸고 제한하는 것'으로 보았다."

프로클루스는 다음과 같이 지적하였다. 논리적이고 세련된 비판가라면, 유클리드의 정의가 종을 사용하여 속(종보다 더 큰 범주)을 정의한다고 비판할 것이다. 왜냐 하면, 선 하나에 둘러싸인 것이나, 여러 선들로 둘러싸인 것이나, 모두 도형의 범주에 속하기 때문이다. 이에 대한 가장 적당한 답은, 앞에서 인용한 아리스토텔레스의 [영혼에 관하여]에서 나온 문구인 것 같다.

정의 15

어떤 선으로 둘러싼 도형이 있어서, 한 점에서 직선들을 그었을 때 그 도형에 놓이는 부분이 모두 서로 같으면, 그 도형을 원이라 부른다.

정의 16

이 때 그 한 점을 원의 중점(중심)이라 부른다.

해설

정의 15는 "어떤 선(이 선을 원둘레라고 부른다.)으로 둘러싼 도형이 있어서, 한 점에서 (원둘레를 향해) 직선들을 그었을 때" 라고 쓰여 있는 경우도 있다. 하이베르그(Heiberg)는 이 말들을 따로 괄호 쳐 표시해 놓았는데, 그 까닭은 아주 옛날 판본들에 따라서 이 말들이 없었기 때문이다 최근에 발견된 파피루스에서 보면, 이 말들이 없는 상태로 이 정의가 적혀 있었다. 그러니 하이베르그가 이 말들을 거부한 것이 옳았다. 이 말들은 아마, 정의 17, 18에 '원둘레'라는 낱말이 아무런 설명도 없이 들어간 것 때문에, 누군가가 덧붙여 놓은 것 같다. 그러나 그걸 설명할 필요는 없다.

플라톤은 '둘레'라는 말을 사용하지 않았지만, 아리스토텔레스는 그것을 여러 번 사용하였으며, (1) 어떤 수학적인 의미 없이 일반적으로 사물의 '바깥 언저리'를 뜻하는 말로 사용하거나, (2) 수학적으로 바깥 경계선이나 또는 원의 호를 뜻하는 말로 사용하였다.

그러니 유클리드가 정의 17, 18이나 또는 어디에서 사용하였든, 그 낱말을 정의하지 않았더라도, 그게 널리 사용되는 말이며, 그것에다 어떤 수학적인 의미를 부여하지 않았다면, 유클리드는 아무런 잘못도 없다. 안나이리치는 자신의 책에서 이 말들을 따로 괄호로 묶어 표시하지 않았다. 그는 유클리드가 원둘레의 정의를 빠트린 것을 지적하고, 원둘레를 설명하고 넘어갔다.

이 정의 자체는 새로운 내용을 담고 있지 않다. 플라톤은 "원이란, 중심에서 그 끝까지 거리가 모든 방향으로 같은 것이다."라고 말했다. ([파르메니데스]) 아리스토텔레스는 다음과 같이 표현하였다. "평면의 원은 한 선으로 둘러싸여 있다." ([천체론]) "중심에서 사방으로 똑같이 뻗어 있는 면"이 원이라고 말했다. ([수사학]) 그는 또한 원을 "중심에서 거리가 똑같지 않은 도형, 예를 들어 달걀 모양의 도형"과 비교해 놓았다. ([천체론]) '중점'이라는 말도 널리 쓰이고 있었다. 프로클루스의 말을 인용해 보면, "중점에서 둘레에 이르기까지 뻗은 직선들은 길이가 같다."

이 정의 자체는 '발생적' 성격이 아니다. 실제로 이렇게 정의된 물체가 존재하는지, 존재하지 않는지, 또는 어떻게 해야 이것을 만들 수 있는지 아무런 말도 없다. 이 정의는 단지 '원'이라는 용어가 무슨 뜻인지 설명하고 있으며, 실제로 원이 존재한다는 것을 증명하거나, 또는 원이 존재함을 가정해야만 사용할 수 있는 잠정적인 정의이다. 이런 경우 대개 실제로 이것을 만들어서, 이것이 존재함을 증명한다. 그러나 여기서는 이 정의에 맞도록 원을 만들 수 있음과, 따라서 원이 존재함을 공리로서 그냥 받아들인다. (공리 3)

발생적 정의라면, 원이란, 어떤 선분이 늘 한 평면에 놓여 있으면서, 한 끝점을 고정시킨 채 움직여서 원래 위치로 다시 돌아올 때, 이 때 선분이 그린 도형이라고 정의하였을 것이다. (헤론은 이렇게 하였다.)

심플리치우스는 컴퍼스의 두 발 사이 거리가 원의 중심에서 둘레까지 직선의 길이임을 지적하였으며, 따라서 유클리드가 이 정의를 통해서, 한 점을 중심으로, 어떤 거리를 반지름으로 하여 원을 그리는 방법을 제시하고 있다고 주장하였다.

안나이리치도 이런 방식으로 해석하였으며, 다음과 같이 설명해 놓았다. (1) 유클리드는 원을 '평면도형'으로 정의하였다. 즉 둘레 곡선만을 가리키는 게 아니라, 곡선에 둘러싸여 있는 안쪽 전부를 가리킨다. 그리고 (2) 유클리드가 '원둘레'라는 말을 하지 않는 이유는 이렇게 만들 때 원둘레라는 곡선만을 그린 게 아니기 때문이다.

그러나 유클리드가 당시의 전통적인 관점에서 벗어났다고 가정할 필요는 없다. 우리가 이미 보았듯이, 아리스토텔레스도 원을 평면도형이라는 개념으로 보았다. 그리고 유클리드는 원의 둘레나 호를 가리킬 때 '원둘레'라고 조심스럽게 말하곤 했지만, 그도 '원'이라는 말로 '원둘레'를 표현한 경우가 없잖아 있다. 예를 들어 3권 법칙 10을 보면 "어떤 원은 다른 어떤 원을 두 점보다 더 많은 곳에서 자를 수가 없다."라고 써 놓았다.

헤론, 프로클루스, 심플리치우스, 세 사람 모두, 원둘레의 점들로부터 같은 거리에 있는 점은 원의 중점만이 아님을 지적해 놓았다. 원의 중점은 이러한 성질을 가지는 점들 중에 '그 원의 평면에 놓여 있는' 유일한 점이다. (유클리드의 말을 빌리면, "그 도형의 안에 놓여 있는") 그 평면에 놓여 있지 않으면서 원둘레의 점들로부터 같은 거리에 있는 점들은 모두 '극점'이다. 프로클루스의 설명에 따르면, 원의 중점에다 노몬(직각자)을 세우면, 그 노몬의 끝점은 극점이다. 이 극점들을 모두 모으면 수직인 직선이 된다.

정의 17

원의 지름은 중점을 지나고 양쪽 다 원둘레에서 끝나는 직선을 말한다. 지름은 원을 이등분한다.

해설 심슨은 뒤에 나오는 "지름은 원을 이등분한다."는 말을 빠트렸으며, 심슨 이후의 편찬가들은 모두 그렇게 했다. 이 말이 정의의 성격에 맞지 않고, 방금 정의한 지름의 성질을 설명하는 것이긴 하지만, 이 말은 꼭 필요하다. 왜냐 하면, 이 설명이 없다면, 유클리드는 반원이란 지름과 지름이 자른 원둘레가 둘러싼 도형이라는 말을 할 수 없게 된다.

지름을 '지름(diameter)'이라고 부르는 까닭은, 이게 원이라는 도형을 재듯이 완전히 다 지나가며, 또한 원을 두 개의 똑같은 크기로 자르기 때문이라고 심플리치우스는 관찰하였다. 이 낱말은 두 개의 똑같은 크기로 자르는 것을 뜻할 뿐만 아니라, 어떤 도형을 가장 넓게 지나가는 직선을 뜻하기도 한다. 유클리드를 비롯하여 당시 사람들은 정사각형, 평행사변형의 지름이라는 말을 흔히 썼다. 대각선(맞모금)이라는 말은 후대에 생겨나온 용어인데, 헤론이 정의하였으며, 각과 각을 잇는 직선을 뜻한다.

프로클루스에 따르면, 지름이 원을 이등분함을 처음으로 증명한 사람은 탈레스(Thales)였다. 그러나 탈레스가 어떤 방법으로 증명하였는지는 알려져 있지 않다. 프로클루스는 이 성질이 성립하는 이유가 "직선이 쭉 곧게 중점을 지나기 때문"이라고 하였다. 즉 대칭성에 기댄 것이다.

그러고 나서 다음과 같이 덧붙여 놓았다. 만약 이것을 수학적으로 증명하고 싶으면, 지름을 그은 다음에, 원의 한쪽 부분을 다른쪽 부분에다 겹쳐 놓는다고 생각하면 된다. 그러면 이 둘이 서로 일치하는 게 확실하다. 만약에 이들이 일치하지 않는다면, 하나가 다른 하나의 안쪽이나 바깥쪽에 놓인다. 그러면 중점에서 원둘레로 그은 직선들의 길이가 서로 다르게 된다. 이것은 모순이다.

사체리의 증명을 살펴보도록 하자. 이 증명은 다음 세 가지 보조 법칙을 사용하여 나온다. (1) 두 직선은 어떤 넓이를 둘러쌀 수 없다. (2) 두 직선은 한 선분을 공유할 수 없다. (3) 두 직선이 한 점에서 만나면, 두 직선은 서로 접하지 않으며, 두 직선은 그 점에서 서로 자르면서 지나간다.

원 MDHNKM이 있는데, 점 A가 중점이며, 직선 MN이 지름이라고 하자. 두 점 M, N을 고정시킨 다음, 원의 MNKM 부분을 돌려서 다른 부분 MNHDM과 일치하도록, 아니면 거의 일치하도록 놓아라.

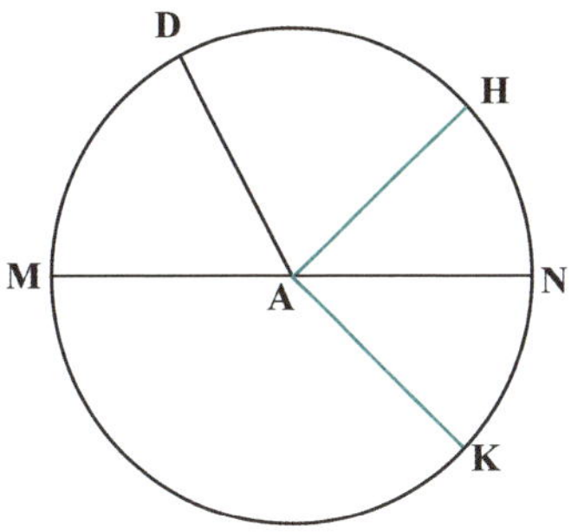

그러면 (가) 지름 MAN의 모든 점들은 원래 위치에 그대로 있는 게 확실하다. 왜냐 하면, 만약에 그렇지 않다면, 두 직선이 어떤 넓이를 둘러싸게 되니, 보조 법칙 (1)에 어긋난다.

(나) 원둘레 NKM에 놓여 있는 어떠한 점 K라 하더라도, 지름 MAN과 원둘레의 다른 부분 NHDM으로 둘러싼 도형의 안쪽이나 바깥쪽에 놓일 수 없음이 확실하다. 왜냐 하면, 만약에 그렇게 된다면, 반지름 AK가 다른 반지름 AH보다 더 길거나 짧다는 말이니, 이것은 원의 본성에 어긋난다.

(다) 어떠한 반지름 MA라 하더라도, 이것을 직선으로 길게 늘일 수 있는 방법은, 다른 한 반지름 AN을 따르는 것뿐이다. 왜냐 하면, 만약에 이렇게 할 수 있는 길이 여럿 있다면, 예를 들어 두 직선

MAN, MAH가 선분 MA를 공유하는 게 되니, 보조 법칙 (2)에 어긋난다.

(라) 원의 지름들은 모두 중점에서 서로 자르고 지나간다. (보조 법칙 (3)에 따라서) 그리고 이들은 원의 성질에 따라서, 서로 길이를 똑같이 둘로 자른다.

그러므로 지름 MAN은 원과 원둘레를 정확하게 똑같은 두 부분으로 쪼개는 게 확실하다. 이 원의 다른 어떠한 지름들도 마찬가지이다. 그러므로 증명이 끝났다.

심슨에 따르면, 이 성질은 3권 법칙 31과 24를 써서 쉽게 이끌어 낼 수 있다. 3권 법칙 31에 따르면, 원을 둘로 쪼개면 이것들은 닮은꼴 활꼴이 되며(각들의 크기가 같은 활꼴들, 3권 정의 11), 3권 법칙 24에 따라서 이들은 서로 같다.

정의 18

지름과 지름이 자른 원둘레가 둘러싼 도형을 반원이라고 부른다. 반원의 중점(중심)은 원의 중점(중심)과 같다.

해설 뒤에 나오는 "반원의 중점은 원의 중점과 같다."는 말은 프로클루스가 덧붙여 놓았다. 스카버(Scarburgh)에 따르면, 엄밀하게 말해서 반원은 중점이 없으니, 이 말은 유클리드가 한 말이 아니고, 프로클루스가 첨가한 말에 불과한 것 같다. 그러나 나는 이것을 진짜 유클리드의 정의로 생각하고 있다. 만사 다 제쳐 두고라도, 그 뒤에 나오는 프로클루스의 설명이 하도 요령부득이어서 그럴 것 같다.

프로클루스는, 평면도형들 중에 중점이 둘레에 놓여 있는 유일한 도형이 반원이라고 설명하였다. "그러므로 중점의 위치는 세 가지 경우가 있다. 원의 예처럼 내부에 놓여 있는 경우, 반원의 예처럼 둘레에 놓여 있는 경우, 어떤 종류의 원뿔곡선의 예처럼 (아마 한 가닥인 쌍곡선을 말하는 것 같다.) 바깥에 놓여 있는 경우."

프로클루스와 심플리치우스에 따르면, 유클리드는 도형들을 정의할 때, 우선 한 선으로 둘러싸인 도형(원)을 정의하였으며, 그 다음 두 선으로 둘러싸인 도형(반원)을 정의하였으며, 그 다음 세 선으로 둘러싸인 삼각형을 정의하였으며, 이런 순서로 계속하여 나갔다.

프로클루스는 역시 프로클루스답게, 두 선으로 둘러싸인 도형들을 분류해 놓았다. 이 도형들은 다음과 같이 만들 수 있다.

(1) 원둘레와 원둘레. 예를 들어 (가) 각을 만드는 경우, 이를테면 초승달 모양이나 또는 바깥으로 볼록한 두 호가 만드는 도형. 그리고 (나) 각이 없는 경우, 예를 들어 두 개의 동심원 사이에 놓이는 둥근 테.
(2) 원둘레와 직선. 예를 들어 반원이나 활꼴.
(3) 섞인 선과 섞인 선. 예를 들어 두 타원이 서로 자르면서 만드는 도형.
(4) 섞인 선과 원둘레. 예를 들어 타원과 원이 서로 교차하면서 만드는 도형.
(5) 섞인 선과 직선. 예를 들어 타원의 절반.

정의 19

다각형은 직선들로 둘러싼 도형이다. 삼각형은 세 개의 직선으로 둘러싼 도형이다. 사각형은 네 개의 직선으로 둘러싼 도형이다.

정의 20

세 변이 모두 같은 삼각형을 **정삼각형**이라 부른다. 두 변이 서로 같은 삼각형을 **이등변삼각형**이라 부른다. 세 변이 모두 다른 삼각형을 **부등변삼각형**이라 부른다.

정의 21

직각삼각형은 직각을 가진 삼각형이다. **둔각삼각형**은 둔각을 가진 삼각형이다. **예각삼각형**은 세 각이 모두 예각인 삼각형이다.

해설 '이등변(isosceles, 다리가 같은)'이라는 말은 플라톤과 아리스토텔레스도 사용하였다. '부등변(scalene)'이라는 말은 아리스토텔레스가 어느 두 변도 서로 길이가 같지 않은 삼각형을 가리킬 때 썼다. 플라톤은 [에우티프론]에서 '부등변'은 홀수인 경우에, '이등변'은 짝수인 경우에 적용해 썼다. 아폴로니우스는 비스듬한 원뿔을 가리키는 데 '부등변'이라는 말을 사용하기도 했다.

삼각형들을 우선 변의 길이에 따라서, 그 다음은 각의 크기에 따라서 분류하였다. 프로클루스에 따르면, 이렇게 하여 일곱 종류로 나눌 수 있다. (1) 정삼각형, (2) 세 종류의 이등변삼각형들. 직각 이등변삼각형, 둔각 이등변삼각형, 예각 이등변삼각형, (3) 세 종류의 부등변삼각형.

삼각형들을 이렇게 변과 각을 써서 두 가지 방법으로 분류한 것에 대해서, 프로클루스는 이상한 이유를 대었다. 유클리드는 삼각형들 모두가 세 변으로 구성된 게 아니라는 사실을 염두에 두었다는 것이다. 프로클루스는 부메랑처럼 생긴 도형을 제시하면서 이것을 설명하였다. 제노도루스(Zenodorus)는 이런 도형을 '오목한 각 도형'이라고 불렀다.

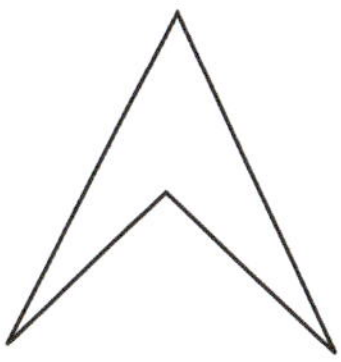

프로클루스는 이 도형을 보면서, 이것은 기하학의 아주 큰 모순이라고 말했다. 사실 이 "삼각형"은 네 개의 변과 한 개의 오목한 각을 가졌다. 당시 사람들이 이 도형이 세 개의 각만을 갖고 있다고 생각한 이유는, 직각의 두 배보다 더 큰 네 번째 각은 아예 각이 아니라고 간주했기 때문이다. 프로클루스는 네 개의 변을 가진 삼각형을 가리키며 "기하학의 아주 큰 모순"이라고 말했는데, 이런 잘못된 개념은 프로클루스 혼자만이 갖고 있던 게 아닐 것 같다. 그렇지만 제노도루스도 이 도형을 가리켜 삼각형이라 불렀다는 증거는 없다.

정의 22

정사각형은 변이 모두 같고 각이 모두 직각인 사각형이다. 직사각형은 각이 모두 직각인 사각형이다. 마름모는 변이 모두 같은 사각형이다. 평행사변형은 마주 보는 변들이 서로 길이가 같고, 마주 보는 각들이 서로 크기가 같은 사각형이다. 이들 이외의 사각형들을 부등변사각형이라 부른다.

해설

토드헌터(Todhunter)는 정사각형의 정의가 필요한 것 이상을 담고 있다고 비판하였다. 어떤 사각형이 네 변의 길이가 같으면, 한 각이 직각이라고 하면 정사각형이 된다. 그러나 유클리드는 정의가 필요한 것 이상을 담고 있더라도 개의치 않았으며, 오히려 그 반대였다. 그 도형의 본질적인 성질들이 모두 포함되어 있으면 더 좋다. 이렇게 정의를 한 성질들을 모두 가지는 도형이 실제로 존재함을 그 이후에 이 도형을 사용한다면 말이다. 정사각형의 경우는 1권 법칙 46에서 그 작도법을 보이고 있고, 그 이전에는 이것을 사용하지 않고 있다.

마름모 'rhombus'라는 용어는 '회전하고 회전한다'라는 단어로부터 유래하였는데, '팽이'를 의미하기도 한다. 아르키메데스는 '입체 마름모(solid rhombus)'라는 용어를 사용하여서, 두 개의 직원뿔이 서로 밑면이 접하여서 만든 입체도형인 원뿔추를 나타내었다. 이 입체는 마름모를 '회전'시켜서 얻을 수 있음을 쉽게 상상할 수 있다. 두 개의 원뿔들이 서로 합동이면, 공통축을 지나는 평면으로 잘랐을 때의 단면은 마름모(rhombus)가 된다. 이 입체 마름모를 언뜻 눈으로 보면, 마름모 모양으로 보이게 된다.

그런데 어쩌면 이 이름의 유래는 그 순서가 거꾸로 일 수 있다. 바꿔 말하면, 원뿔추 모양의 회전체를 rhombus라 부른 것이 먼저였고, 그 이후 평면도형인 마름모를 rhombus라 부르게 된 것일 수 있다. 아르키메데스는 원뿔추에다 옛날의 이름을 다시 부여하여서, 그 중요성을 확장한 것이다.

프로클루스는 마름모란 변형된 정사각형이며, 평행사변형은 직사각형이 밀린 것이라고 말하였다. 그는 정사각형이 회전하는 것의 겉모습으로 마름모를 설명하려 시도하였다.

마주 보는 변들과 각들이 서로 크기가 같도록 요구하고 있으니, 평행사변형의 정의가 필요 이상으로 많은 정보를 담고 있음은 사실이다. 이 반론에 대한 해명은, 정사각형의 경우와 마찬가지이다.

유클리드는 [기하학 원론]에서 직사각형, 마름모, 평행사변형을 사용하지 않는다. 유클리드가 이 도형들의 정의를 넣어 둔 까닭은, 선대의 다른 교과서들을 그대로 받아들였기 때문임이 확실하다. 유클리드는 아직 평행선들을 정의하지 않았으니, 이 시점에서 '평행사변형'의 중요한 성질을 제대로 논할 수 없다. 그러니 이 시점에서 유클리드는 사각형들을 정밀하게 분류하기가 어렵다.

사각형들은 다음과 같이 분류할 수 있다. 프로클루스는 이 분류법이 포시도니우스가 제시한 것이라고 하였으며, 헤론도 이렇게 분류하였다.

- — 사각형
    - — 평행사변형
        - — 직사각형
            - — 정사각형
            - — 길쭉한 것
        - — 직사각형이 아닌 것
            - — 마름모
            - — 다른 것
    - — 평행사변형이 아닌 것
        - — 두 변이 평행(사다리꼴)
            - — 이등변 사다리꼴
            - — 부등변 사다리꼴
        - — 평행한 변이 없음

정의 23

평행선이란 같은 평면에 있는 직선들로서, 양쪽으로 아무리 길게 늘이더라도 양쪽 어디에서도 만나지 않는 직선들을 말한다.

해설 이 정의의 내용을 "무한대로 늘이더라도"라고 번역하지 않는 편이 낫다. 왜냐 하면, 이러한 표현은 무한히 먼 거리의 장소 또는 영역의 존재를 제시하는 것 같기 때문이다. 이 정의의 내용에 등장하는 표현은 어떤 양이 한계가 없이 계속 확장됨을 나타낸다.

유클리드와 마찬가지로, 아리스토텔레스도 평행선이란 '서로 만나지 않는 직선들'이라는 개념을 갖고 있었던 게 확실하다. 그래서 아리스토텔레스는 평행선들이 서로 만난다고 하면 그게 기하학적인 실수인가, 비기하학적인 실수인가 하는 문제를 다루고 있다. ([분석론 후서]) 그리고 유클리드와의 관계로 보았을 때 더욱 흥미 있는 관찰로서, 여러 가지 다른 가정들이 이런 실수를 낳는다고 해서 놀라울 것은 없다고 파악하였다. 예를 들어 (가) 내각이 외각보다 더 크다는 가정, (나) 삼각형의 세 각을 더한 것이 직각의 두 배보다 더 크다는 가정으로부터, 평행선들이 서로 만난다는 결론이 나오게 된다고 하였다. ([분석론 전서])

평행선에 대한 다음 정의는 포시도니우스의 것이라고 프로클루스가 말하였다. "평행선들은 한 평면에 놓여 있으면서, 서로 가까워지거나 멀어지지 않고, 어느 점에서건 수직으로 그은 거리가 모두 같은 선들을 말한다. 직선들 중에 수직으로 그은 거리가 점점 작아지는 직선들은 점점 가까워져서 서로 만나게 된다. 도형의 높이나 직선들 사이의 거리를 정의할 때는 수직을 쓰면 되기 때문이다. 그렇기 때문에 수직으로 그은 거리가 모두 같으면, 그 두 직선 사이의 거리가 늘 같다. 그러나 이 거리가 커지거나 또는 작아진다면, 그 거리가 줄어드는 것이니, 수직 거리가 점점 작아지는 쪽에서 이 두 직선은 서로 가까워져 만날 것이다."

포시도니우스는 이렇게 정의하였고, 직선들 사이의 거리, 직선들이 가까워지고 멀어지는 것을 설명해 놓았다. 이것은 심플리치우스가 평행선을 다음과 같이 정의한 것과 동등하다. "직선들이 서로 평행하다는 것은, 양쪽으로 아무리 길게 늘이더라도, 그들 사이의 거리, 즉 그들 사이에 수직이 되도록 그은 선분의 길이가 늘 같으며 달라지지 않는, 그런 직선들을 말한다.”

평행선들 사이 거리를 나타내는 선분이 두 직선에 수직이 됨을 증명해야 한다는 반론이 있는데, 심플리치우스는 이 정의에서 ‘수직’이라는 말을 빼고 그냥 ‘거리’가 늘 같아야 한다고 말해도 된다고 답한다. 비록 “지금 문제가 되는 것을 증명하려면, 그 선분이 양쪽 직선과 수직임을 말하는 것이 필요하지만.” (안나이리치)

그러고 난 다음에, 그는 철학자 아가니스(Aganis)의 정의를 인용하였다. “평행선들이란 같은 평면에 놓여 있는 직선들로서, 이들을 양쪽으로 한없이 길게 늘여 나갈 때, 이들 사이 거리가 모든 곳에서 서로 같은 직선들을 말한다.” (이 정의는 아가니스가 평행선 공리를 증명하려고 시도할 때 근본이 된다.)

이 정의에 대해서, 심플리치우스는 “같은 평면에 놓여 있는”이라는 말은 불필요할 수도 있다고 언급하였다. 왜냐 하면, 두 선 사이 거리가 모든 곳에서 같고, 한 직선이 다른 한 직선을 향해서 기울지 않았으니, 이들은 반드시 같은 평면에 놓여 있어야 하기 때문이다. 여기서 ‘거리’라는 말은, 이들을 잇는 가장 짧은 선분을 가리킨다고 덧붙여 놓았다.

그러므로 점과 점 사이의 거리는 그들을 잇는 선분이다. 점과 직선 사이의 거리는 그 점에서 직선에 수직이 되도록 그은 선분이다. 점과 평면 사이의 거리도 마찬가지이다. “두 직선 사이의 거리는, 만약 이들이 평행선이라면, 모든 곳에서 그 거리가 같으니, 평행선의 어느 곳에서 선분을 긋더라도, 그게 가장 짧은 거리이며, 선분은 두 직선과 수직이 된다.”

프로클루스가 제미누스의 말을 인용한 것에도 이와 똑같은 개념이 나온다. 서로 만나지 않는 선들을 분류하는 과정에서, 그는 다음과 같이 관찰하였다. "서로 만나지 않는 선들 중에, 어떤 것들은 같은 평면에 놓여 있으며, 어떤 것들은 같은 평면에 놓여 있지 않다. 같은 평면에 놓여 있는 선들 중에, 어떤 것들은 서로간의 거리가 늘 같으며, 어떤 것들은 서로간의 거리가 점점 가까워진다. 예를 들어 쌍곡선과 직선이 그렇고, 또는 질주선과 직선도 그렇다. (직선이 점근선이 되는 경우) 이들은 거리가 점점 가까워지지만, 서로 만나게 되지는 않는다. 그러니 이들은 한없이 가까워지지만 서로 만나지는 않는다. 이건 기하학에서 아주 큰 모순처럼 보인다. 이 선들은 서로 가까이 모이지만 절대 모이지 않는다. 그에 비하여 항상 같은 거리만큼 떨어져 있는 선들이 있는데, 이 직선들은 거리가 절대 가까워지지 않고, 이들은 한 평면에 놓여 있으며, 이들은 평행선들이다."

그러므로 평행선들의 거리가 모든 곳에서 같다는 이론은 (후에 다시 이 이론을 논할 것이다.) 옛날 사람들이 충분히 다루었다. 고대 그리스 수학자들이 쓴 책을 보면, 현대의 많은 교과서들이 채택하고 있는 악명 높은 방향이론과 동등한 개념의 흔적도 찾을 수 있다. 아리스토텔레스가 쓴 [분석론 전서]를 보면, 그는 당시 철학자들이 평행선에 대해서 연구할 때 내비치는 순환논리를 꾸짖고 있다. "평행선에 대해서 이론을 전개하는 사람들은 무의식중에, 만약 평행선이 존재하지 않는다면 증명할 수 없는 것들을 가정해서 쓰고 있다."

그러므로 당시 평행선에 관한 이론들은 순환논리에서 벗어나지 못하고 있었다. 평행선에 관한 성질들을 증명할 때, 평행선의 성질에 따라서 진실 여부가 결정되는 사항들을 가정하고 사용한 것이다. 예를 들어 삼각형의 세 내각을 더한 것이 직각의 두 배가 된다는 이론.

그러니 유클리드는 예외였다. 그는 1권 법칙 29가 나오기 전에 공리 5를 도입하였다. 그래서 그는 이전의 책들이 내포하고 있던 순환논리를 타파하였는데, 이것은 기하학 분야에서 아주 획기적이고 대단한 업적이었다.

아리스토텔레스 해설가의 한 사람인 필로포누스(Philoponus)는 위에서 말한 순환논리의 성격에 대해서 다음과 같이 설명해 놓았다. 이것을 보면, 평행선에 대한 방향이론의 냄새가 약간 풍긴다. 아리스토텔레스가 실제로 생각하고 있었던 게 이것이었는지, 아닌지는 확실하지 않지만, 필로포누스는 이렇게 말했다.

"평행선들을 그리는 사람들도 마찬가지로 그렇게 한다. 즉 그들은 원래 문제를 가정하는 것이다. 그들은 자오선의 원에서 평행선을 긋는 게 가능하다고 가정한다. 그리고 이를테면 한 점이 그 원의 평면에 놓여 있다고 가정하고 직선을 긋는 것이다. 그러니 보이려는 것을 이미 가정하고 있다. 평행선의 발생에 대해서 부인하는 사람들은, 점이 거기에 놓여 있다고 가정하는 것을 허락하지 않을 것이다."

내가 생각하기에, 이 말이 뜻하는 것은 다음과 같다. 한 직선과 한 점을 주고, 그 점을 지나고 주어진 직선과 평행한 직선을 긋고 싶다. 우리는 주어진 직선이 자오선 평면에 놓여 있다고 가정한다. 그 다음, 주어진 점을 지나고 자오선 평면에 놓이도록 직선을 긋는다. (엄밀하게 말하면, 자오선 평면과 평행한 평면에 놓이도록 그어야 한다. 그러나 자오선 원의 크기와 비교해 보면, 점과 직선 사이 거리는 무시할 수 있다.)

필로포누스의 의견에 따르면, 이건 자오선 평면의 한없이 먼 한 점과 주어진 점을 직선으로 이을 수 있다고 가정하는 것과 마찬가지이다. 그러나 그렇게 먼 거리의 점들을 잇는 자는 있을 수가 없다. 반대론자들은 그렇게 멀리 있는 그 점으로 직선을 향하도록 그으려면, 다른 방법 없이, 주어진 직선에 평행하도록 직선을 긋는 수밖에 없다고 말한다. 그러니 문제가 되는 것을 가정하는 셈이다.

나는 필로포누스의 말에서 방향이론의 흔적을 엿볼 수 있다고 말했는데, 그 이론을 주창하는 사람들이 자오선 평면을 사용한 것에 대해서 쇼튼이 언급한 것을 보면, 내 생각을 확인할 수 있다. 쇼튼에 따르면, '방향'이란 두 개의 서로 다른 직선들에게 '한 방향'을 부여할 수 있는 개념이 아니다. "어떤 사람들은 많은 직선들이 남북 방향으로 놓여 있다고 말할 지도 모르지만," 그는 이게 명목상 그럴 뿐이지, 실제 방향의 본성이 아니라고 말한다.

현대의 관점으로 보면, 평행선에 대한 여러 다른 정의들을 세 가지 종류로 나눌 수 있다.

(1) "평행선들은 어떠한 점도 공통으로 가지지 않는다." 다음과 같은 표현들은 이 개념에 포함된다.
    (가) 평행선들은 서로 만나지 않는다.
    (나) 평행선들은 무한에서 만난다.
    (다) 평행선들은 무한에서 점을 공통으로 가진다.

(2) "평행선들은 같은 방향을 가진다." 평행선들과 만나도록 어떤 직선을 그은 다음, 평행선들은 어떤 직선과 만날 때 같은 크기의 각들을 만든다고 말하는 것은 이 개념에 포함된다.

(3) "평행선들은 그들 사이 거리가 일정하다." 이것과 같은 개념으로는, 평행선이란 어떤 직선으로부터 일정한 거리에 있는 점들을 모두 모은 것이라고 설명하는 게 있다.

그러나 이 세 가지 개념들은 서로 공통되는 면이 많으며, 쉽게 다른 개념을 낳게 된다. 공통으로 가지는 점이 없다는 개념은, 무한에서 공통인 점을 가진다는 개념을 낳는다. 이건 현대 기하학이 서로 다른 경우들을 하나의 틀로 묶으려는 경향이 있어서 그렇다. 그리고 무한에서 공통인 점을 가진다는 개념은, 이들이 같은 방향을 가진다는 개념을 낳는다. 그리고 이들이 서로 기울지 않았다는 개념은, 이들의 거리가 늘 일정하다는 개념을 낳는다. 왜냐 하면, 우리가 관찰을 해 보면, 서로 가까워지는 것들은 대개의 경우 서로 만나게 되며, 따라서 두 선이 서로 만나지 않는다면, 그들은 서로 가까워지지 않을 것이다. 즉 항상 일정한 거리만큼 떨어져 있을 것이다.

이제 이 세 개념들을 차례차례 검토해 보자.

(1) 쇼튼은 우선, 여기에 속하는 개념들 중에, 평행선들은 무한에서 만난다거나 무한에서 공통인 점을 가진다(케플러(Kepler)가 1604년에 처음 "틀에 박힌 말투로" 언급했으며, 그 후 데자르그(Desargues)가 1639년에 사용하였다.)고 말하는 것은, 기본 교재에서 쓰는 정의로서 적당치 않다고 지적하였다. 선들이 무한에서 서로 만나는 것을 어떻게 안단 말인가? 우리는 그들이 무한에서 만나는지, 만나지 않는지, 알 수가 없다. 왜냐 하면, '무한'이란 우리가 관찰할 수 있는 영역에서 벗어나며, 따라서 확인할 길이 없기 때문이다.

가우스(Gauss)가 슈마커(Schumacher)에게 보낸 편지에서 말했듯이, "유한한 인간의 능력으로는, 무한이 마치 보통 관찰 방법을 써서 판단할 수 있는 것인 양 주장해서는 안 된다."

스타이너(Steiner)는 한 점에서 한 직선에 놓여 있는 점들로 줄들을 그을 때, 직선에 놓여 있는 교점들을 점점 멀리 있는 것들을 잡으면, 그 줄들이 점점 어느 한 방향을 향해서 움직이게 됨을 관찰하였다.

그게 직선과 평행하게 되는 단 한 위치에 놓일 때, 그 줄과 직선은 “서로 자르지 않게 된다.” 이런 경우를 가리켜 “그 줄은 직선의 무한히 먼 한 점을 향하고 있다.”고 말해야 한다.

좀 더 수준 높은 기하학에서는 선들이 무한에서 만난다고 가정해야 하는 게 사실이다. 그런 선들이 자연에 실제로 존재하는가, 존재하지 않는가 하는 것은 문제가 되지 않는다. 우리가 직선을 다루고 있지만, 실제로 직선이라는 것은 존재하지 않듯이 말이다.

그러나 두 직선이 유한에서 서로 만나지 않으면, 그들은 무한에서도 서로 만나지 않는 게 아닐까? 무한에서도 서로 만나지 않고 그냥 일정한 거리를 유지한다고 생각해야 하지 않을까? 기찻길의 경우를 생각해 보자. 무한에 가면 두 레일이 서로 만나서, 그 위에 기차가 서 있을 수 없게 될까? (우리가 그것을 볼 수 있든, 볼 수 없든, 상관이 없다.)

그러니 두 직선이 한없이 먼 곳에서 서로 만난다는, 이런 ‘상상의’ 교차점은, 좀더 수준 높은 기하학에서나 논할 문제이다. 기본 기하학에서는, 두 직선이 서로 평행하다거나 서로 자르고 지난다는 말을 할 때, 보통 사람들의 지능을 가지고 파악할 수 있는 평범한 구별법을 써야 한다. 유클리드는 정의를 할 때 이런 방법을 썼다. 그의 정의는, 평행선들이란 서로 기울지 않았다는 (1)의 개념에 속한다.

내가 보기에, 근본 원리에 대해 수없이 많은 논쟁을 거친 지금에 이르러서, 잉그라미([Elementi di geometria], 1904)라든가 엔리케와 아말디([Elementi di geometria], 1905) 같은 권위자들이 평행선의 정의로서 “한 평면에 있는 직선들로서, 어느 점도 서로 공통되게 가지지 않는 직선들을 평행선이라 부른다.”라고 유클리드의 정의와 동등하게 정의를 내린다는 사실은 상당히 중요하다. 힐베르트도 이와 똑같은 관점을 취했다.

베로네스는 다른 관점을 취한 게 사실이다. 그가 1891년에 출판한 위대한 저작물인 [Fondamenti di geometria]에 보면, 두 직선이 있을 때, 한 직선의 무한에 있는 점이 다른 직선에 놓여 있으면 그 두 직선은 서로 평행하다고 정의하였다. 그러나 그도 이 정의가 그의 [Elementi]에는 적당치 않다고 결론을 내린 것 같다.

그러나 그는 유클리드가 말한 "두 직선을 아무리 길게 늘이더라도 서로 만나지 않으면" 평행선이라는 정의를 피했다. 왜냐 하면, "이런 식으로 길게 늘인 직선들을 아무도 본 적이 없기" 때문이다. 그리고 이 정의와 관련하여 사용하는 공리가 그다지 명백한 게 아니다. 이를테면 우리들 경험의 영역에서 볼 때, 두 점을 지나는 직선은 단 하나만 있다는 것은 명백한데, 그런 것처럼 명백한 게 아니다. 그러므로 그는 달리 정의하고 있다. 이 정의는 평면과 상관이 없는 게 장점이라고 말한다.

이것은 도형들이 한 점에 대해서 서로 반대쪽에 놓여 있다(점에 대해서 도형을 반사함)는 정의에 바탕을 두고 있다. "두 도형이 한 점 O에 대해서 서로 반대쪽에 놓여 있다는 말은, 예를 들어 도형 ABC와 도형 A'B'C'가 있는데, 한 도형의 각각의 점들에 대해서 다른 도형의 점들이 꼭 하나씩 하나씩 대응하며, 도형의 점들과 점 O를 잇는 선분 OA, OB, OC, … 가 다른 도형의 그에 대응하는 점들과 점 O를 잇는 선분 OA', OB', OC', … 와 길이가 같으며, 서로 반대 방향에 놓여 있다는 뜻이다."

그리고 두 직선들의 연결선이란, 한쪽 끝점이 한 직선에 놓여 있고, 다른쪽 끝점이 다른 한 직선에 놓여 있는 선분을 말한다. "두 직선들 사이에 어떤 연결선이 놓여 있어서, 그 연결선의 중점에 대해서, 한 직선의 두 점이 다른 한 직선의 두 점과 서로 반대쪽에 놓여 있으면, 그 두 직선은 서로 평행하다고 말한다."

베로네스가 말했듯이, 평행선을 이렇게 정의를 하든, 유클리드처럼 평행선을 정의하든, 본질적으로 똑같음은 사실이다. 그러나 이 정의가 유클리드의 정의처럼 평행선의 핵심 개념을 잘 제시한다고 말할 수는 없다. 베로네스는 자신의 정의에 따른 평행선들이 서로 만나지 않음을 증명해야 했다. 그리고 그의 평행선 공리는 유클리드의 평행선 공리와 비교해 더 명백하다고 말할 수 없다. "두 직선이 있어서, 그들을 잇는 모든 연결선들의 중점에 대해서 그들이 서로 반대쪽에 놓여 있으면, 그 두 직선은 서로 평행하다."

(2) 방향이론 : 이 이론이 엉터리임은 도지슨(C. L. Dodgson)이 완벽하게 파헤쳤다. ([Euclid and his modern Rivals], 1879) 킬링(Killing)에 따르면([Einführung in die Grundlagen der Geometrie], I), 이 이론은 라이프니츠라는 위대한 인물이 제창한 것 같다. 이 방법을 채택하는 교과서들을 보면, '방향'이라는 개념이 어떤 다른 개념에서 파생된 게 아니라 근본 개념인 것처럼 나온다. 방향에 대한 정의가 아예 없기 때문이다.

그러나 문제의 두 직선을 주었을 때, 그 두 직선이 동일한 방향 또는 비슷한 방향을 가리키는지 여부를 판단할 방법이 있어야 하지 않겠는가? 이 질문에 대해서 아무런 답도 제시하지 않고 있다. 사실, 서로 만나지 않는 직선들에게 적용하는 이 모든 개념이 바로 '평행선들'의 성질에 대한 지식에서 나왔다. 어떤 사물 자신을 써서 자신을 설명하는 순환논리에 빠진 셈이다.

평행선들이 '같은 방향'을 가리킨다는 개념은, 아마 각이란 '방향의 차이'라는 개념에서 유래한 것 같다. 이 개념이 엉터리임은 이미 앞에서 밝혀 놓았다. 평행선들의 방향이 같다는 개념은, 이들과 만나도록 제 삼의 직선을 그은 다음, 그 직선과 '방향의 차이'가 같음을 통해서 보인다. 가우스가 말했듯이, "방향이 같음을 제 삼의 직선과 이루는 각들의 크기가 같음을 통해서 확인한다면, 설령 이렇게 각들의 크기가 같다 하더라도, 제 사의 직선을 비롯하여 다른 모든 직선들에 대해서도 여전히 각들의 크기가 같을지 여부는, 증명 없이는 알 수 없다." ([Werke], IV)

이 평행선 이론이 유효하도록 만들려면, 유클리드의 평행선 공리를 제거하는 것은 고사하고, 훨씬 더 공리답지 않은 공리를 채택해야 한다. 즉 "두 직선이 어떤 직선과 만나서 생기는 대응하는 각들의 크기가 같으면, 다른 모든 직선들과 만나서 만드는 대응하는 각들의 크기가 같다."는 공리를 채택해야 한다. (도지슨)

(3) 평행선들이란 늘 일정한 거리를 유지하는 직선들이라는 개념은, 현대에 이르러 클라비우스(Clavius)와 보렐리(Borelli, [Euclides restitutus], 1658)가 사실상 채택하였다. 그렇지만 이들이 평행선을 꼭 이렇게 정의한 것은 아니었다. 사체리는 다음을 지적하였다. "이 정의를 사용하기 전에, 어떤 직선으로부터 일정한 거리만큼 떨어져 있는 점들을 모두 모은 궤적이 직선이 됨을 '증명'해야 한다."

실제로 클라비우스는 이걸 알아차렸으며, 증명을 하려고 시도하였다. 그는 유클리드의 정의에 따라서 이 궤적이 직선이 된다고 주장하였다. 왜냐 하면, 이 궤적의 모든 점들이 "이 궤적의 모든 점들에 대해서 쭉 곧게 있기 때문"이라고 하였다. 그러나 여기에는 약간의 혼선이 있다. 이 점들이 쭉 곧게 있는 것은 일정한 거리에 있는 직선에 대해서 쭉 곧게 있는 것이지, 이 점들 자신들에 대해서 쭉 곧게 있다는 보장이 없다. 사실, 이 법칙은 공리가 있어야만 증명할 수 있다.

clidean
ometry

공리

다음 공리들을 사실이라고 받아들이자.

공리 1 모든 점에서 다른 모든 점으로 직선을 그을 수 있다.

해설 "임의의 어떠한 점에서 임의의 어떠한 점으로." 이런 방식의 표현을 할 때, 그리스 수학자들은 "어떠한 점, 어떠한 삼각형"이라고 말하지 않았다. 그들은 "모든 점, 모든 삼각형" 이런 방식으로 말을 했다. 그러니 여기에서도 "모든 점에서 다른 모든 점으로"라고 표현을 한 것이다. 마찬가지로 공리 3은 "모든 점에서 모든 거리를 반지름으로 해서"라고 되어 있다.

아리스토텔레스는 다음과 같이 주장하였다. 기하학자들은 우선 어떤 것(도형)이 무엇인지 가정을 한다. 즉 정의를 한다. 그러나 그 다음에 '그게 있음'을 증명해야 한다. 바꿔 말하면, 그 정의에 부합하는 도형이 '실제로 존재함'을 증명해야 한다. 그렇지만 두 가지 가장 근본적인 것만은 예외이다. 즉 점과 선은 정의를 하고, 그것들이 존재함을 증명 없이 그냥 받아들인다.

베로네스, 잉그라미, 엔리케 등등 최근 사람들이 저술한 교과서를 보면 "서로 다른 점들이 존재한다고 하자." 또는 "점들이 무수히 많이 있다."는 말이 나오지만, 유클리드는 이와 달리 점이 존재함을 따로 가정하고 있지 않다. 그러나 직선과 원의 경우는 공리 1과 공리 3을 써서 이들이 존재함을 선언하고 있다. [기하학 원론]에 등장하는 선들은 이들 뿐이다.

그러나 공리 1은 (1) 직선이 존재함을 공리로서 선언하는 것 이상의 일을 하고 있다. 일부 반대론자들은 우리가 쓰는 도구들이 불완전하기 때문에, 수학에서 말하는 직선을 긋는 게 불가능하며, 따라서 수학자들은 거짓된 가정을 사용하고 있고, 직선이 아닌 것을 가리켜 직선이라고 부른다며 반박한다. (아리스토텔레스, [분석론 후서]) 공리 1은 (2) 이런 반론에 대해서 답하고 있다.

안나이리치도 이 공리가 의도하는 게 이런 반론을 무마하기 위한 것이라고 보았다. (게라드(Gherard)의 번역이 옳다면) "맨 앞의 세 공리들의 유용성은, 우리가 쓰는 도구들의 불완전함이 수학적 증명을 가로막지 못 하도록 하는 데 있다." 아리스토텔레스가 말했듯이, 기하학적 증명이란 기하학자가 그은 어떤 완벽하지 않은 직선에 대한 것이 아니고, 그 선이 제시해 주는 어떤 이상적인 직선에 대한 것이다.

심플리치우스도 이 공리의 목적은 수학적으로 완벽한 직선을 그을 수 있다고 '상상'할 수 있도록 하는 데 있으며, 그걸 실제로 그어 보라고 말하는 게 아니라고 주장한다. "이게 글자 그대로 가능하다고 믿어서, 양자리에서 천칭자리로 직선을 그어 보라고 말하는 사람은, 매우 지각없는 사람이다."

그런데 직선의 정의와 이 공리를 결합하여서 끌어내야 할 사실이 또 한 가지 있다. 즉 (3) 두 점을 잇는 직선은 단 하나만 존재한다. 바꿔 말하면, "두 직선(선분)이 양 끝점이 같으면, 그들은 전체 모든 곳에서 서로 일치한다." 유클리드는 1권 법칙 4에서 이것을 가정하였지만, 유클리드는 이것을 분명하게 기술해 놓지는 않았는데, 아마 그 때문에 이와 동등한 공리인, "두 직선은 어떤 넓이를 둘러쌀 수 없다."는 공리가 흔히 기하학 원론에 덧붙여져 나오게 된 것 같다.

그런데 공리 1을 곰곰이 생각해 보면, 이것을 암시하고 있는데, 프로클루스가 1권 법칙 4에 대해서 설명해 놓은 것을 보면 더욱 분명히 알 수 있다. "그러므로 두 직선은 어떤 넓이를 둘러쌀 수 없다. 기하학 원론을 쓴 사람이 맨 앞의 공리 1에서, 모든 점에서 다른 모든 점으로 직선을 그을 수 있다고 말했는데, 거기에서 그는 두 점을 잇는 직선은 '단 하나'만 있으며, 여러 개 있을 수가 없음을 암시하고 있다. 그는 이 지식을 이용한 것이다."

프로클루스는 거기에서 두 직선이 어떤 넓이를 둘러쌀 수 없음을 '증명'하려 하고 있다. 그는 원의 지름에 대한 정의와, 원의 지름은 원을 두 개의 똑같은 부분으로 쪼갠다는 사실을 이용하고 있다.

예를 들어 두 직선 ACB, ADB가 어떤 넓이를 둘러싸고 있다고 하자. 이들을 점 B를 지나 밖으로 길게 늘여라. 점 B를 중점으로, 거리 AB를 반지름으로 하여서 원을 그리고, 이 원이 이 직선들과 만나는 점을 각각 F, E라 하자.

그러면 직선 ACBF, ADBF는 둘 다 지름이니, 원을 똑같이 둘로 자르며, 따라서 호 AE와 호 AEF는 길이가 같다. 그러나 이것은 모순이다. 그러므로 증명이 끝났다.

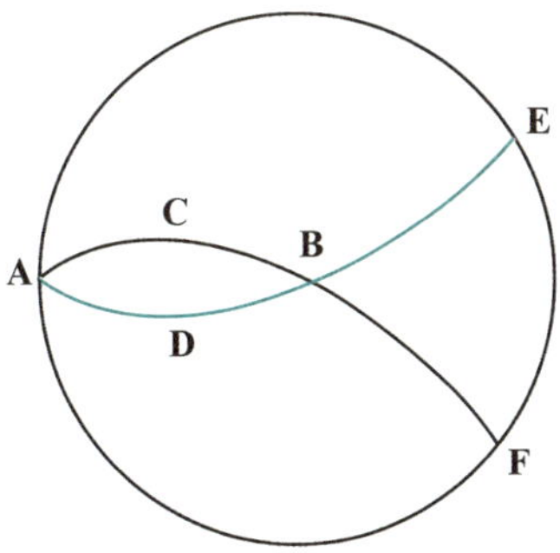

그러나 프로클루스의 이 증명은 엉터리이다. 두 직선을 길게 늘이고, 이들이 원과 만나는 점을 각각 E, F라 했는데, 이들이 반드시 서로 다르다

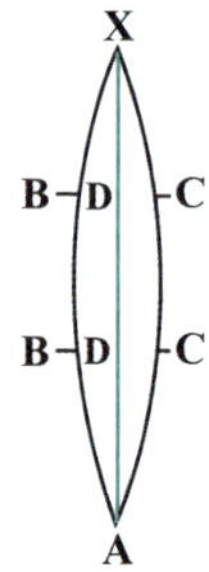

는 보장이 없다. E, F가 일치하여서, 두 직선이 세 점에서 만난다고 하여도 문제가 될 게 없다. 그러므로 이 증명은 틀렸다.

사체리는 달리 증명하고 있다. 직선이란 점들이 쭉 곧게 놓여 있는 것이라고 유클리드는 정의하였는데, 사체리는 이것으로부터, 직선의 양 끝점을 고정시킨 채 회전시키면 모든 점들은 계속 제자리에 남아 있어야 하며, 회전한다고 하더라도 다른 위치로 갈 수 없음을 추론할 수 있다고 하였다. "직선에 대해서 이렇게 생각하면, 두 직선이 어떤 넓이를 둘러싸지 않음은 명백하다. 만약에 두 직선이 어떤 넓이를 둘러싸고, 이들의 양 끝점이 A와 X로서 공통이라면, 이들 둘 다, 또는 둘 중 어느 하나는 직선이 아님을 쉽게 보일 수 있다."

그러나 이 사실은 '공리'로서 받아들이는 게 낫다. 즉 직선의 개념과 불가분의 관계로서, 두 점을 잇는 직선은 단 하나만 존재한다. 또는 두 직선이 두 점을 공통으로 가지면, 그 두 직선은 모든 곳에서 서로 일치한다.

공리 2 유한한 직선이 있으면, 그것을 얼마든지 길게 늘일 수 있다.

해설 여기에서 '유한한' 직선이라는 표현 대신에, '잘린' 직선 또는 직선의 '토막' 등의 표현을 쓸 수도 있지만, 큰 상관은 없을 것이다. 다행히 현대 이탈리아 수학자들이 '선분(rectilinear segment)'이라는 용어를 발굴하였으며, 여기 나오는 '유한한 직선'이란 '선분'을 가리킨다.

공리 1은 두 점을 주었을 때 그들을 잇는 직선이 존재함을 주장하고 있고, 또 이 때 그 직선이 단 하나만 있음을 암시하고 있다. 이와 마찬가지로, 공리 2는 어떤 유한한 직선(선분)을 주었을 때, 이것을 양쪽으로 길게 늘여서 직선을 그을 수 있음을 주장하고 있고, 또 이 때 어느 쪽이든 그 직선을 늘이는 방법은 '단 하나'만 있음을 암시하고 있다. 즉 어느 쪽이든 이렇게 길게 늘인 직선은 '단 하나'만 존재한다. 바꿔 말하면, 두 직선은 한 선분을 공유할 수 없다.

이것은 11권 법칙 1에 가서야 비로소 명시되어 나온다. 그러나 1권의 맨 앞부분에서 이것이 필요하다. 프로클루스에 따르면, 에피쿠로스(Epicuros) 학파인 시돈의 제논(Zenon of Sidon)은 "두 직선은 한 선분을 공유할 수 없다."는 것이 1권 법칙 1에서 필요하다고 주장하였다. 만약에 그렇지 않으면, 직선 AC와 직선 BC가 점 C에서 만나기 이전에 이미 서로 만나서, 나머지 부분은 공유하고 있을 지도 모른다. 그렇게 되면, 이들과 직선 AB가 만드는 삼각형은 변들의 길이가 서로 다르게 된다.

두 직선이 한 선분을 공유할 수 없음이 1권 법칙 4에서 꼭 필요함은 명백하다. 거기에 보면, 어떤 삼각형의 한 변을 다른 삼각형의 그와 길이가 같은 변에다 올려놓았는데, 그 두 변들이 모든 곳에서 서로 일치함을 추론하고 있다. 만약에 두 직선이 한 선분을 공유하는 게 가능하다면, 이 결론이 추론되어 나옴이 명확하지 않다.

프로클루스는, 직선을 길게 늘인 부분이 '단 하나'임을 공리 2가 뜻하는 것을 알아차리고, 그것을 증명하려고 시도했지만, 그의 증명은 실패로 끝났다. 심플리치우스도 그와 거의 같은 논리를 사용하였다.

예를 들어 두 직선 AC, AD가 선분 AB를 공유한다고 하자. 점 B를 중점으로, AB를 반지름으로 하여 원을 그려라. (공리 3) 이 원이 직선 AC, AD와 만나는 점을 각각 C, D라 하자. 그러면 ABC는 중점을 지나는 직선이니, 호 AEC는 반원이 된다. 마찬가지로, ABD도

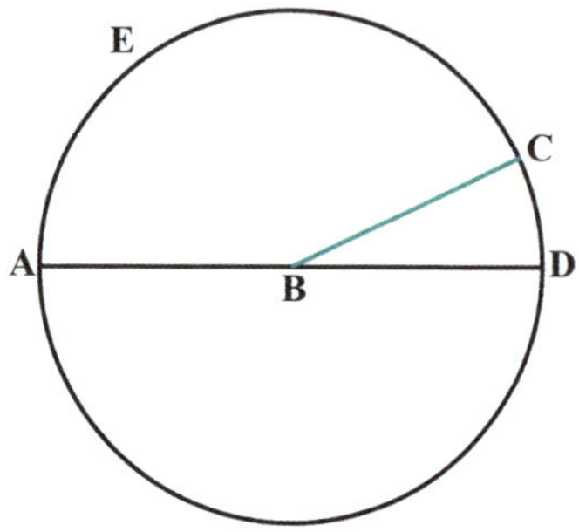

중점을 지나는 직선이니, 호 AED는 반원이 된다. 그러므로 호 AEC와 호 AED는 서로 일치한다. 이것은 모순이다.

프로클루스는 다음과 같이 관찰하였다. 제논(Zenon)이라면 아마 이 증명에 대해서, 이게 사실은 "두 개의 (서로 다른) 원둘레가 한 부분(호)을 공유할 수 없다."는 명제에 바탕을 두고 있다고 반박할 것이다. 왜냐 하면, 이 명제는 지름이 원둘레를 똑같이 둘로 쪼갠다는 명제에 바탕을 두고 있고, 지름이 원둘레를 똑같이 둘로 쪼갠다는 명제를 증명할 때 우리가 쓰는 방법은, 지름으로 원을 자른 다음 이들을 겹쳐 놓으면, 이들이 서로 일치하지 않으면, 어느 하나가 다른 하나에 비해서 완전히 밖에 놓이거나 또는 완전히 안에 놓인다는 가정을 쓴다. 그런데 이들이 완전히 일치하지 않고 어느 한 부분만 공유하고 있을 지도 모른다. 그렇지 않다는 보장이 없다.

그리고 지름이 원둘레를 똑같이 둘로 쪼갠다는 명제를 정말로 증명해야지, 그렇지 않는 한 위의 증명은 무의미하다. 두 원둘레가 일부분에서만 일치하지 않아도, 원의 지름이 원둘레를 똑같이 둘로 쪼갠다는 명제의 증명이 유효하게 되는데, 제논은 미처 이것을 깨닫지 못 했고, 포시도니우스는 제논을 비웃었다.

그러나 위의 증명에 대한 진짜 반론은, 모든 지름이 원둘레를 이등분한다는 증명 자체가, 두 직선이 한 선분을 공유할 수 없음을 가정하고 있다는 것이다. 왜냐 하면, 원둘레에서 한 점을 잡은 다음 그 점을 지나는 지름을 긋고 싶으면, 그 점에서 중점으로 직선을 그은 다음(공리 1), 그 직선을 길게 늘여서 (공리 2) 원둘레에 닿도록 해야 한다. 이 때 길게 늘이는 방법이 '단 한 가지'여야만, 지름이 원둘레를 이등분함을 증명할 수 있다.

사체리는 올바른 순서로 구성해 놓았다. 그는 우선 두 직선이 한 선분을 공유할 수 없음을 증명하였고, 그 다음에 모든 지름은 원과 원둘레를 이등분함을 증명하였다. 전자의 증명은 매우 흥미로우며, 그의 방법이 철두철미함을 알 수 있다. 그렇지만 그의 방법이 완전히 만족스럽다는 뜻은 아니다. 그 증명은 다섯 단계로 되어 있다. 내가 곧 그것을 제시하겠는데, 맨 처음 단계만 상세하게 설명해 놓겠다.

만약에 그게 가능하다면, 선분 AX를 공유하고 있으면서, 두 직선 AXB, AXC가 점 X를 지나 뻗어 있고, 이들은 같은 평면에 놓여 있다고 하자. 점 X를 중점으로, XB 또는 XC를 반지름으로 하여 호 BMC를 그려라. 그 호에서 어떠한 점이라도 좋으니 점 M을 잡은 다음, M에서 X로 선분 MX를 그어라.

> (1) 위와 같이 가정하였을 때, "선 AXM도 점 A에서 점 X를 지나 길게 늘인 직선임을 보이겠다."

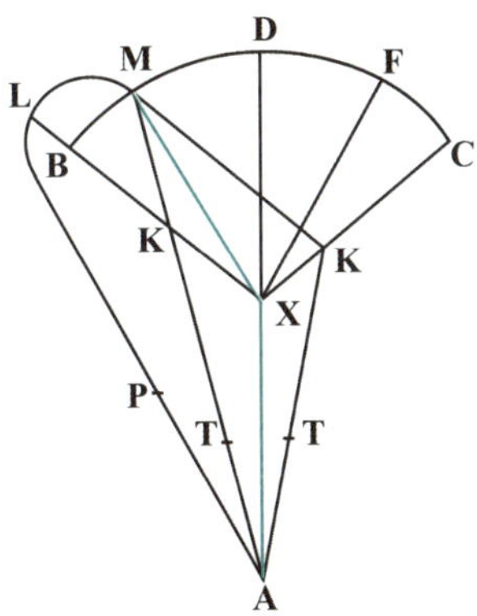

만약에 AXM이 직선이 아니라면, 우리는 이것과 달리 직선 AM을 그을 수 있다. 그러면 이 직선은 (가) 두 직선 XB, XC 중 어느 하나와 어떤 점 K에서 만나거나, 또는 (나) 두 직선 XB, XC 중 어느 하나를 빙 둘러쌀 것이다. 예를 들어 XB를 직선 AX, 직선 XM,

직선 APLM으로 둘러쌀 것이다.

이 두 가지 가능성 중 (가)는 앞에서 나온 법칙(두 직선은 어떤 넓이를 둘러쌀 수 없다.)에 어긋난다. 왜냐 하면, 이 경우 AXK, ATK는 가정에 따라서 둘 다 직선인데, 어떤 넓이를 둘러싸고 있기 때문이다.

두 번째 가능성 (나)도 마찬가지로 모순을 낳음을 쉽게 알 수 있다. 직선 XB를 점 B를 지나 길게 늘이면, 이 직선은 APLM과 만나게 된다. 그 만나는 점을 L이라 하자. 그러므로 AXBL, APL은 가정에 따라서 둘 다 직선인데, 이들이 어떤 넓이를 둘러싼다.

직선 XB를 점 B를 지나 길게 늘였을 때, 만약에 이게 직선 XM과 만나거나 또는 직선 XA와 만나더라도, 마찬가지로 모순이 생긴다.

그러므로 우리가 위와 같이 가정하였을 때, 선 AXM은 점 A와 점 M을 잇는 직선이다. 이것이 바로 우리가 보이려던 것이다.

나머지 단계들은 다음과 같다.

(2) "직선 AXB가 단단한 철사로 되어 있다고 생각하고, AX를 축으로 하여 이 직선을 돌려놓으면, 이 직선은 이 평면에서 두 개 이상의 새로운 위치를 차지할 수 없다. 바꿔 말하면, XB가 XC와 일치하였다가, XM과 일치하였다가 할 수는 없다."

이것은 대칭을 써서 증명한다. AXB와 AXC는 양쪽 어디에서 보든(왼쪽에서 보든, 또는 오른쪽에서 보든) '서로 똑같이 생겼을' 수는 없다. 왜냐 하면, 만약에 그렇다면 이들은 서로 일치하며, 이것은 가정에 어긋난다. 그러나 AXB를 한쪽에서 보고 (예를 들어 왼쪽에서 보고) AXC를 반대쪽에서 보았을 (예를 들어 오른쪽에서 보면) 때, 이들의 모습이 '서로 똑같이 생겼을' 수는 있다. 그러므로 AXB를 돌려놓으면, 이게 AXC와 일치하여 놓일 수 있다.

그러나 AXB가 또 다른 직선 AXM과 일치할 수는 없다. 만약 이 둘이 같은 쪽에서 보았을 때 서로 똑같이 생겼다면, 이 둘은 서로 일치한다. 만약 이 둘이 반대쪽에서 보았을 때 서로 똑같이 생겼다면, AXM과 AXC가 같은 쪽에서 보았을 때 서로 똑같이 생겼다는 말이니, AXM과 AXC가 서로 일치한다.

(3) "직선 AXB를 돌리고 있을 때, 다른 모든 경우 이 직선은 원래 평면의 위에 있거나 아래에 있어야 한다."

(4) "호 BC에 어떤 점 D가 있어서, 직선 XD를 그으면, AXD는 직선일 뿐만 아니라, 왼쪽에서 본 모습이 오른쪽에서 본 모습과 서로 똑같이 생겼다. 이 조건을 만족하는 점 D는 단 하나만 있다."

우선, 이 호에서 점 B와 점 C가 대응하듯이, 대응하는 두 점 M, F를 찾는다. 이들은 B, C보다 더 가까이 놓여 있도록 잡아라. 그리고 AXM, AXF는 물론 둘 다 직선이 된다.

그 다음, 이런 식으로 대응하는 점들을 더욱 가까이 놓여 있도록 잡아라. 이렇게 계속해 나가면, 결국에 가서 (가) 어떤 한 점 D가 있어서, 직선 AXD는 왼쪽에서 본 모습과 오른쪽에서 본 모습이 서로 똑같이 생기게 된다. 또는 (나) 이런 궁극적인 점이 M, F, 두 개 나타나서, AXM도 이런 성질을 가지고, AXF도 이런 성질을 가진다.

그러고 난 다음, 직선의 정의에 따라서, (나)의 경우는 실제로 생길 수 없음을 보인다.

그러므로 (가)만이 참이며, 이 조건을 만족하는 점 D는 단 하나만 존재한다.

(5) 마지막으로, "이렇게 만든 직선 AXD만이 A에서 X로 그은 직선을 늘인 유일한 직선임을 보인다." 사체리는 이 때, 직선이란 점들이 '쭉 곧게' 놓여 있는 것이라는 정의를 이용한다.

심슨은 1권 법칙 11을 사용하여서, "두 직선은 한 선분을 공유할 수 없다."는 법칙을 이끌어 내었다. 그러나 그의 주장은 완전히 순환논리가 되고 말았다. 토드헌터가 주석을 달아서 보여 주었다.

1권 법칙 11을 바탕으로 이것을 증명한 사례는 옛날에도 있었다. 프로클루스가 기록해 두었는데, 그에 따르면, 제논이 이 증명을 제시한 다음 비판해 놓았다.

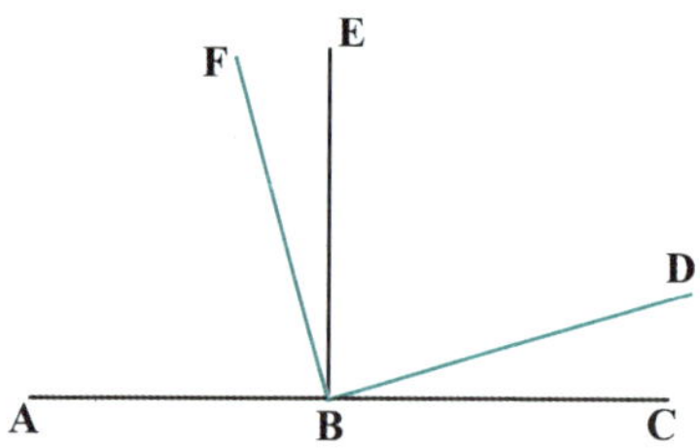

두 직선 AC, AD가 선분 AB를 공유하고 있다고 하자. 직선 AC와 수직이 되도록 직선 BE를 세워라.

그러면 각 EBC는 직각이다.

만약 각 EBD도 직각이라면, 두 각은 서로 크기가 같다. 그러나 이건 불가능하다.

만약 각 EBD가 직각이 아니라면, 직선 AD에 수직이 되도록 직선 BF를 세워라. 그러면 각 FBA는 직각이다.

그런데 각 EBA도 직각이다. 그러므로 두 각 EBA, FBA는 크기가 같다. 그러나 이건 불가능하다.

프로클루스에 따르면, 제논이 이 증명에 대해서 반대를 한 까닭은, 뒤에 나오는 1권 법칙 11을 이 증명 과정에서 썼기 때문이다. 포시도니우스는 이 증명을 [기하학 원론] 교재에서 찾아 볼 수가 없으며, 이것은 아마 제논이 당시 기하학자들을 모함하기 위해서 만들었을 것이라고 하였다.

포시도니우스는 이 증명 방법도 언급할 약간의 값어치는 있다고 말했다. 두 직선 AC, AD에 대해서 직각이 되도록 직선들을 세울 수 있는 것은 사실이다. (직각의 정의가 이것을 가정하고 있다.) "그렇다면 그게 우리가 세운 직선이라고 하자." 여기서 우리가 얻는 것은, '가설적인 작도'에 대해서 옛날 사람들이 비호를 했다는 점이다. 그러나 이런 식으로 약하게 (약간의 값어치는 있다.) 말한 것을 보면, 당시 기하학자들은 이게 법칙을 증명하는 정당한 방법이라고 간주하지 않은 것 같다.

토드헌터는 "두 직선이 한 선분을 공유할 수 없다."는 법칙을 1권 법칙 13으로부터 이끌어 내자고 제안하였다. 그러나 이 제안도 아무 쓸모가 없다. 왜냐 하면, 1권 법칙 4를 증명하기 위해서 이게 꼭 필요하기 때문이다.

이것은 그냥 공리로서 받아들이는 게 제일 낫다.

공리 3 모든 점에서 모든 거리를 반지름으로 하여 원을 그릴 수 있다.

해설 원래 유클리드의 책에는 이것이 수동태로, "원이 그려질 수 있다."고 되어 있었는데, 프로클루스는 앞의 두 공리와 마찬가지로 능동태로, "원을 그릴 수 있다."고 적어 놓았다.

'거리'라는 용어는 여러 가지 의미로 쓰인다. 아리스토텔레스가 쓴 [형이상학]을 보면, "거리가 가장 먼 것은 맨 끝점들 사이이다." 그리고 "사물들 사이에는 뭔가 어떤 거리가 있다."는 말이 나온다. 그리고 '거리'라는 말은 '차원'이라는 뜻으로 쓰이기도 한다. 아리스토텔레스가 쓴 [자연학]을 보면, "공간은 세 개의 거리, 즉 길이, 폭, 깊이를 가진다."고 쓰여 있다.

그리스 수학자들은 어떤 '반지름'을 가지고 원을 그릴 때 '거리'라는 말을 사용하였다. 원둘레에 있는 모든 점들은 원의 중점으로부터 그 '거리'만큼 떨어져 있기 때문이다. 그리스 말에는 '반지름'에 해당하는 낱말이 없다. 그러므로 꼭 반지름이라는 의미를 표현해야 할 경우에는, 그리스 수학자들은 '중점에서 그은 직선'이라는 말을 사용하였다.

프랭클랜드는 다음과 같이 관찰하였다. 공리 1이나 또는 공리 2와 달리, 만약 이 공리가 글자 그대로 어떤 임의의 점, 어떤 임의의 거리를 주었을 때 원을 그릴 수 있음만을 의미한다면, 그건 매우 놀라운 일이다. 우리가 보기에 따라서, 이 공리는 유클리드 기하학이 공식적으로 연구하려는 공간에 대해서 그 정체성을 파악할 수 있게 해 준다.

이 공리는 원의 크기에 대한 제약을 완전히 없애 버렸다. 원은 (1) 얼마든지 작을 수 있다. 이것은 공간이 끊어진 게 아니라 이어져 있음을 암시한다. 즉 인접한 두 점 사이 거리에 어떤 최솟값이 있는 게 아님을 말한다. 그리고 원은 (2) 얼마든지 클 수 있다. 그러므로 공간이 한없이 큼을 암시하고 있다. 공간이 한없이 크다는 성질은 1권 법칙 16의 증명을 위해서 꼭 필요하다. 이 법칙은, 끝이 없지만 크기가 유한한 공간에서는 성립하지 않는다.

그러나 유클리드는 자신의 이 공리가 이렇게 쓰이게 될 줄 알았을 것 같지는 않고, 이런 의도로 만들었을 리도 절대 없다.

공리 4 직각은 모두 서로 같다.

해설 이 공리는, 직각의 크기가 모두 일정하며, 따라서 다른 각들(예각 또는 둔각)의 크기를 재는 단위로서 직각을 요긴하게 쓸 수 있음을 말한다. 그러나 이 공리는 그것 이상으로 많은 사실을 말해주고 있다. 다음 사항을 고려해 보면 알 수 있다.

만약 이 명제를 증명하려고 하면, 어느 한 직각을 다른 한 직각에다 옮겨서 겹치도록 해서 크기를 비교해야 한다. 그러나 이렇게 직각을 옮기려면, 도형이 변하지 않는다는 성질이 있어야 한다. 그러므로 이 성질을 먼저 공리로서 선언하여야 한다. 유클리드는 그렇게 하지 않고, 모든 직각들의 크기가 서로 같다고 직접 선언한 것이다. 그러므로 이 공리는 '도형이 변하지 않는다'는 법칙과 동등하다. 즉 '공간이 모든 곳에서 균질하다'는 법칙과 동등하다.

프로클루스에 따르면, 제미누스는 이게 공리(postulate)가 아니라 자명한 법칙(axiom)이라고 분류해야 한다고 말했다. 이것은 앞의 세 공리와는 달리, 어떤 것을 '작도할 수 있다'고 말하는 게 아니고, 이미 만들어 놓은 직각의 본질적인 성질에 대해서 말하고 있기 때문이다.

프로클루스는 이게 아리스토텔레스의 의미로도 공리가 아니라고 말했다. (내가 위에서 설명했지만, 이건 틀린 것 같다.) 프로클루스는 이게 공리에 가깝다고 여겼지만("직각들의 크기가 서로 같다는 것은 우리가 상식적으로 생각해도 알 수 있다."), 그는 이것의 증명을 준비해 두고 있었다가, 혹시 요구하면 제시하였다.

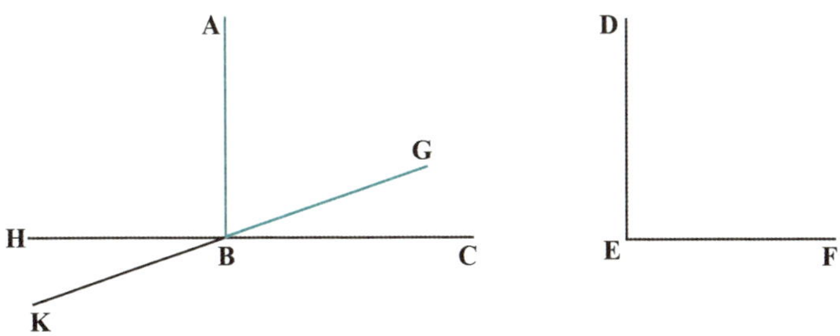

각 ABC, 각 DEF가 둘 다 직각이라고 하자.

만약 이들의 크기가 서로 다르면, 어느 하나가 더 클 것이다. 예를 들어 각 ABC가 더 크다고 하자.

그러면 DE를 옮겨서 AB에다 포개 놓으면, EF는 각 ABC의 안에 놓인다. 즉 BG처럼 놓인다.

CB를 길게 늘여서 H에 이르도록 해라. 그러면 각 ABC가 직각이니, 각 ABH도 직각이다. 그러므로 이 두 각은 서로 크기가 같다. (직각의 정의에 따라서, 이웃한 각과 크기가 같다.)

그러므로 각 ABH는 각 ABG보다 더 크다.

GB를 길게 늘여서 K에 이르도록 해라. 그러면 마찬가지 이유로 두 각 ABK, ABG는 직각이며, 서로 크기가 같다. 그러므로 각 ABH는 각 ABG보다 더 작다.

그런데 이게 더 크다고 했으니, 모순이 생긴다. 그러므로 이 법칙이 성립한다.

프로클루스의 이 증명이 틀린 점은, 두 직선 CB, GB를 늘일 수 있는 방법이 한 가지라서, 직선 BK가 각 ABH의 바깥에 놓인다고 가정한 것이다.

사체리는 훨씬 더 조심스럽게 증명해 놓았다. 그는 (1) 두 직선은 어떤 넓이를 둘러쌀 수 없다는 법칙과 (2) 두 직선은 한 선분을 공유할 수 없다는 법칙에 덧붙여 또 다른 법칙을 받아들인 다음 이것을 증명하였다. 그가 받아들인 세 번째 법칙은 다음과 같다. "두 직선 AB, CXD가 중간의 한 점 X에서만 만나면, 그들은 그 점에서 서로 접하지 않으며, 서로 자르고 지나간다."

이제 직선 BAC에 어떤 직선 DA가 서 있어서, 이웃한 두 각 DAB, DAC의 크기가 같다고 하자. 그러면 정의에 따라서 이들은 둘

다 직각이다.

마찬가지로, 직선 FHM에다 직선 LH를 세워서, 두 각 LHF, LHM이 직각이 되도록 해라.

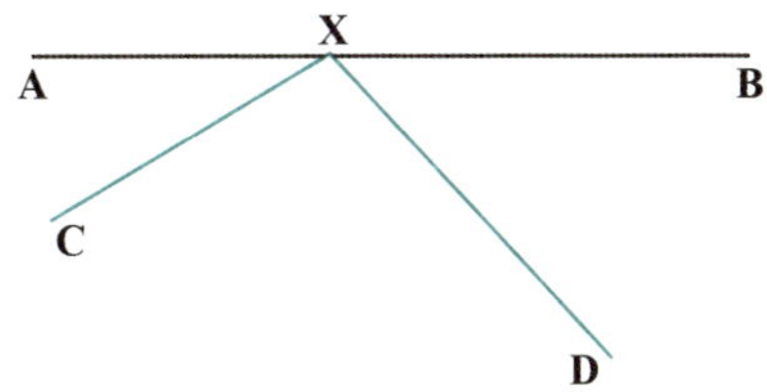

그리고 두 번째 그림을 옮겨서 첫 번째 그림에다 겹쳐 놓아라. DA와 HL의 길이가 같다고 하고, 점 H가 점 A에, 점 L이 점 D에 놓인다고 하자.

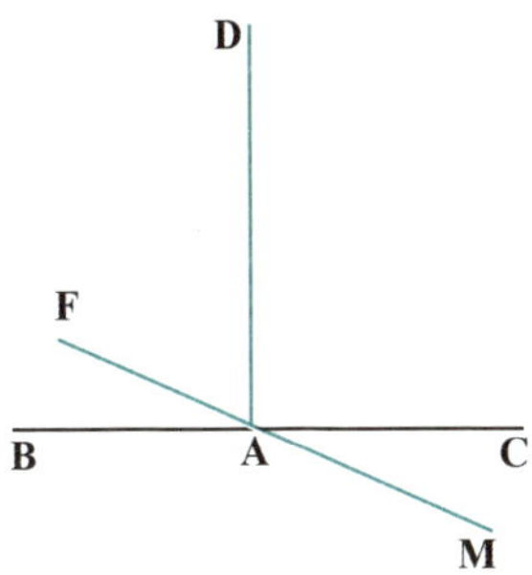

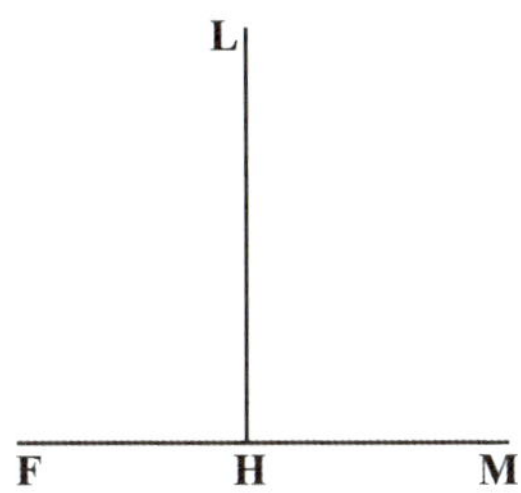

그러면 세 번째 법칙에 따라서, 직선 FHM은 직선 BC와 점 A에서 접하지 않는다. 그러므로 이 직선은

(가) 직선 BC와 완전히 일치하거나, 또는

(나) 이 직선을 자르고 지나가서, 한쪽 끝점 F는 직선 BC의 위에 놓이고, 반대쪽 끝점 M은 직선 BC의 아래에 놓인다.

만약 (가)가 성립하면, 직각들의 크기가 모두 같음을 증명하였다.

만약 (나)가 성립하면, 각 LHF는 각 DAF와 크기가 같으며, 이것은 각 DAB 또는 각 DAC보다 더 작으며, 따라서 각 DAM보다 더 작다. 즉 각 LHM보다 더 작다. 그러나 이것은 가정에 어긋난다. 그러므로 (가)만이 성립하며, 따라서 직각들은 그 크기가 같다.

사체리는 덧붙여 놓기를, 각 DAF가 각 DAB에서 한없이 작게 멀어지는 경우에도 마찬가지로 가정에 어긋나는 결론이 나오게 된다고 하였다.

사체리는 여기에서 “직선으로 된 직각들은 모두 크기가 같다.”고 말한 것에 주목해야 한다. 그는 어쩌면 파푸스의 언급을 염두에 두었던 것 같다. 프로클루스가 파푸스의 언급을 인용한 것을 보면, 이 공리의 역은 성립하지 않는다. 즉 직각과 크기가 같은 각이 반드시 직각인 게 아니다. 그게 직선으로 된 각이 아닐 수도 있기 때문이다.

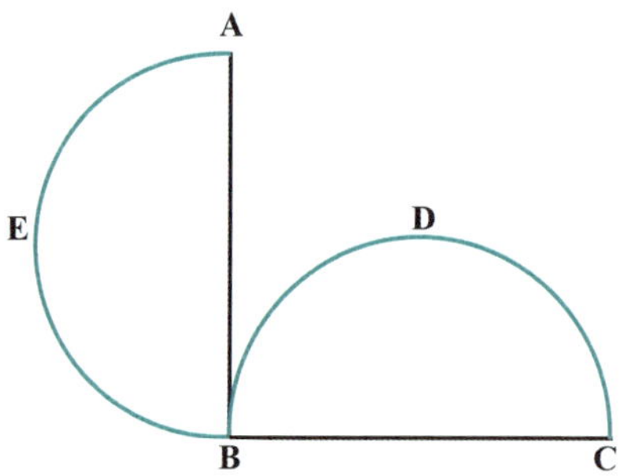

길이가 같은 두 직선 BA, BC가 서로 수직이라고 하자. 직선 BA, BC에다 반원 AEB, BDC를 붙여서 그림처럼 만들어라. 그러면 이 반원들의 크기가 서로 같으니, 이들을 포개 놓으면 서로 일치하게 된다. 그러므로 각 EBA와 각 DBC는 서로 크기가 같다. 여기에다 각 ABD를 더해라. 그러면 곡선으로 된 각 EBD는 직각 ABC와 크기가 같음을 알 수 있다. 마찬가지 방법으로, 직선 AB, BC가 만드는 각이 예각이거나 둔각인 경우, 우리는 예각이나 둔각과 크기가 같은 곡선각을 얻을 수 있다. 그리스 주석가들은 이런 기묘한 문제들에 아주 흥미를 갖고 재미있어 했다.

베로네스, 잉그라미, 엔리케, 그리고 아말디는, ‘모든 직각들의 크기가 같다’는 사실을, 이것과 동등한 명제인 ‘모든 평각들은 크기가 같다’는 것에서 이끌어 내었다. 모든 평각들이 크기가 같다는 것은 공리로서 받아들이거나, 또는 다른 공리로부터 간단하게 이끌어 냈다.

힐베르트는 완전히 다른 방법을 택했다. 그는 유클리드가 공리 4를 공리에다 넣은 것이 잘못이라고 여긴다. 힐베르트는 합동과 관계가 있는 여섯 가지 공리들을 채택한 다음, 그것들로부터 삼각형과 각들의 합동에 대한 여러 법칙들을 유도해 내었고, 그러고 나서 이 공리를 이끌어 내었다.

그런데 공리 4가 지금 이 위치에 있어야 하는 명백한 이유가 있다. 유클리드의 관점에서 보았을 때, 이 공리는 공리 5의 앞부분에 나와야만 한다. 왜냐 하면, 공리 5에 보면 두 각을 더한 것이 직각의 두 배보다 더 작다는 말이 나오는데, 직각들의 크기가 일정해서 절대 변하지 않아야만 이 말이 의미가 있다.

공리 5 두 개의 직선이 있고, 다른 한 직선이 이 두 개의 직선과 만나는데, 어느 한쪽의 두 내각을 더한 것이 두 개의 직각보다 작다고 하자. 그러면 두 직선을 얼마든지 길게 늘였을 때, 두 직선은 내각을 더한 것이 두 개의 직각보다 작은 쪽에서 만난다.

해설 아리스토텔레스는 '공리'가 무엇인지 잘 알고 있었지만, 그는 기하학에다 아무런 공리도 부여한 일이 없다. 유클리드가 제창한 이 공리들에 대해서는, 이와 비슷한 암시조차 없다. 그러므로 이 공리들을 정립한 것은 유클리드 자신의 업적이라고 보는 게 타당하다. 특히 공리 5가 유클리드의 독창적 업적임을 보여 주는 증거들이 많이 있다. 우리가 앞에서 평행선에 대한 정의를 다룰 때 설명한 것을 보면([분석론 후서]), 당시 사람들이 평행선에 대한 이론을 전개할 때 순환논리를 많이 사용하였음을 알았다. 유클리드는 이 획기적인 공리를 제창함으로써 순환논리에서 벗어날 수 있었다.

그 후 이천 년 이상의 세월에 걸쳐, 수많은 사람들이 이 공리를 증명하려고 시도를 했다. 탁월한 능력을 지닌 기하학자들도 많이 덤벼

들었다. 그러니 우리는 이 명제를 가설로 받아들여야 함을 파악한 유클리드의 천재성에 감탄하지 않을 수 없다. 그의 기하학 체계가 유효하게 되려면 꼭 필요한 이 명제가 절대 증명할 수 없는 것임을 파악하다니.

프로클루스가 쓴 글을 보면, 이 공리는 처음부터 공격을 받았다. 이것을 법칙처럼 증명하려는 시도가 있었고, 또는 평행선에 대해서 다른 공리를 채택하여서 이것을 없애려고 시도하기도 하였다. 현대에 이르러서도, 이것을 연구하여 쓴 논문 및 책들은 엄청나게 많다. 리카디(Riccardi)가 쓴 [Saggio di una bibliografia Euclidea](Blogna, 1890)에 보면, 이 공리와 관계있는 책들로서 1607년에서 1887년에 걸쳐 출판된 것들의 제목을 적은 게 20 페이지가 된다.

시몬에 따르면([Über die Entwicklung der Elementar-geometrie im XIX Jahrhundert], 1906), 1891년에만 하더라도 평행선 이론을 공리와 관계없이 증명하려는 새로운 시도가 세 가지나 있었다고 한다. (가우스가 비유클리드 기하학의 기초를 닦은 지 이미 한 세기가 지났음에도.) 시몬 자신도 이것과 관계있는 책이나 논문들을 많이 적어 놓았으며, 좀더 자세히 알고 싶으면 쇼튼이 쓴 [Inhalt und Methode des Planimetrischen Unterrichts], II를 참조하라고 하였다.

나는 지금 여기에다, 이 공리를 증명하려고 시도한 것들 중 제일 괜찮은 것들을 소개하겠다. 비교적 오래된 것들만 길고 상세하게 설명하겠다. 그것들은 독자 여러분들이 구해 보기가 어렵기 때문이다. 현대 기하학자들의 시도는 짤막하게 소개하도록 하겠다. 이들은 공리에 관한 토론에 가장 크게 기여한 사람들이며, 따라서 비유클리드 기하학의 기초를 닦은 사람들이다. 나는 보놀라(Roberto Bonola)가 쓴 [Questioni riguardanti le matematiche elementari]의 8장 “Sulla teoria delle parallele e sulle geometrie non-euclidee"를 주로 참조하여 사용하겠다.

프로클루스는 이 공리에 대한 첫 번째 반론의 성격이 뭔지 분명하게 적어 놓았다.

"이것은 공리에서 빼 버려야 한다. 이것은 법칙이며, 이것을 증명하는 데 상당한 어려움이 따른다. 프톨레미(Ptolemy)는 어떤 책에서 이것을 증명하려는 시도를 하였으며, 이것을 증명하기 위해서 많은 정의들과 법칙들을 동원해야 했다. 그리고 이 공리의 역은 유클리드 자신이 법칙으로서 증명을 하였다.

어떤 사람들은 이것에 속아서, 지금 이 공리에 나오는 가정, 즉 두 개의 직각보다 작다는 가정만 있으면, 직선들이 서로 가까워져 만나게 된다고 즉석에서 믿어도 되는 것처럼 여길 것이다. 이러한 경솔함에 대해서, 우리는 이 과학의 개척자들을 통해서, 기하학 책에 기록할 논리의 경우는 그럴 듯하다는 상상만으로 결론을 내려서는 안 됨을 배웠다고 제미누스는 충고한다.

아리스토텔레스가 말했듯이, 기하학자가 제시한 그럴 듯한 가능성을 받아들이는 것보다, 우스개꾼이 제시한 과학적 증명을 받아들이는 편이 낫다. 플라톤은 시미아스(Simmias)로 하여금, 그럴싸한 가능성을 가지고 증명이라고 여기는 사람들은 돌팔이라고 분류하도록 만들었다.

이 경우 직각들을 더 작아지도록 만들면, 두 직선이 서로 가까워지는 것은 사실이며, 꼭 그렇게 된다. 그러나 이들이 점점 더 가까워진다 하더라도, 이들이 결국에 가서 서로 만난다는 것은 가능성일 뿐, 직선의 경우에 이들이 만나는 것이 사실임을 증명하는 논리가 없으니, 꼭 만난다는 보장이 없다. 어떤 선들은 한없이 가까워지지만 서로 만나지 않는다. 이건 있을 수 없어 보이고 이율배반인 것 같지만, 선들의 종류에 따라서 실제로 이런 일이 일어난다. 그러니 지금 여기에서 말하는 직선들의 경우도 이런 일이 일어나지 말라는 법이 있는가?

이 공리에 나오는 주장들을 증명을 써서 확인하기 전에는, 다른 선들의 경우 성립하는 사실들이, 우리의 상상력을 다른 방향으로 이끌어 나갈 지도 모른다. 직선들이 만나지 않는다고 주장하면, 그것은 더욱 놀라운 논란거리를 담고 있겠지만, 그렇기 때문에 우리는 우리의 교과서에서, 이 그럴 듯하지만 증명되지 않은 가설을 없애야 하지 않겠는가?

그러니 우리가 이 명제를 증명할 방법을 찾아야 하는 게 확실하다. 이것은 공리의 특별한 성질과 맞지 않다. 이것을 어떻게 증명을 하든, 이것에 대한 반론들을 어떠한 종류의 논리들을 써서 제거하든, 그 일은 기하학 원론을 쓴 저자가 이 공리를 다시 불러내어서 명백하다며 사용하는 시점에서 이루어져야 한다. 그 시점에서, 이 명제가 명백함이, 아무런 증명 없이 나오는 게 아니라, 증명을 통해서 구체적인 지식이 되어서 그렇게 되도록 해야 한다."

프톨레미와 프로클루스가 이 공리를 증명하려고 시도한 것을 보기 전에, 심플리치우스가 한 말을 여기 덧붙여 놓겠다. 이 공리는 명백한 게 아니며 증명이 필요하다. 아브티니아투스(Abthiniathus)와 디오도루스(Diodorus)는 다른 여러 법칙들을 써서 이것을 증명하였다. 프톨레미도 이것을 설명하고 증명하였으며, 1권 법칙 13, 15, 16, 18을 사용하였다.

여기서 언급된 디오도루스는 아마 [Analemma]를 저술한 사람인 것 같다. 파푸스는 그것에 대한 해설서를 저술하였다. 아브티니아투스가 누구인지는 도무지 추측할 수가 없다. 어떤 아랍 책에 보면 그 이름이 안티사투스(Anthisathus) 비슷하게 적혀 있다.

그는 어쩌면 파이톤(Peithon)일 지도 모른다는 생각이 문득 들었다. 파이톤은 안티노에아의 세레누스(Serenus of Antinoeia)의 친구이다. 세레누스는 오랜 세월 안티사의 세레누스(Serenus of Antissa)로 알려져 왔다.

세레누스는 다음과 같이 말했다. ([De sectione cylindri], 하이베르그 편찬) "기하학자 파이톤은 평행선에 대한 유클리드의 설명이 만족스럽지 않았기에, 평행선에 대한 자신의 이론을 설명할 때, 예를 들어서 그 본성을 더욱 기발하게 보여 주었다. 그는 평행한 직선들이란 횃불을 뒤쪽에 밝혀 놓았을 때 기둥들이 벽이나 마당에 만드는 그림자와 같은 것이라고 설명하였다. 이것은 여러 사람들에게 우스개가 되고 말았지만, 나는 그것을 비웃지 않았다. 나의 친구에 대한 존경심 때문이었다."

만약 파이톤이 안티노에아의 파이톤 또는 안티사의 파이톤으로 알려졌다면, 아브티니아투스 또는 안티사투스라는 희한한 이름은 이와 동등하도록 만들려는 데에서 나왔을 지도 모른다. 그러나 이건 나의 추측일 뿐이다.

심플리치우스는 그의 친구, 아니 그의 사부 아가니스(Aganis)가 이 공리를 증명하려고 시도한 것을 글자 그대로 빠짐없이 다 옮겨 적어 놓았다.

프로클루스는 1권 법칙 29를 설명하면서 이 주제를 다시 다루었다. 그의 말에 따르면, 그 시대 이전에 상당수의 수학자들이 유클리드의 이 공리를 법칙이라고 분류하였으며, 그 증명법을 생각하였다. 그리고 난 다음, 그는 프톨레미의 증명을 설명해 놓았다.

이 공리를 증명하려는 주목할 만한 시도들

… 프톨레미

프로클루스에 따르면, 프톨레미는 "두 내각을 더한 것이 직각의 두 배보다 더 작으면, 그 직선들을 길게 늘이면 서로 만나게 된다."는 법칙에 대해서 책을 저술하였으며, 그의 '증명'을 1권 법칙 29 이전에 나오는 여러 법칙들에다 사용하였다. 프톨레미의 논리들 중 앞부분의 것들은 프로클루스가 적어 놓지 않았다. 다만 그 책에서 증명한 것들 중의 하나가 기하학 원론 1권 법칙 28이라고 하였다. 즉 두 직선이 다른 한 직선과 만나는데, 같은 방향에 있는 두 내각을 더한 것이 직각의 두 배가 되면, 이 두 직선은 아무리 길게 늘여도 서로 만나지 않음을 증명하였다.

I. 프로클루스가 1권 법칙 28을 설명해 놓은 것을 보면, 프톨레미가 이 법칙을 다음과 같이 증명하였음을 알 수 있다.

두 직선 AB, CD가 있다고 하자. 어떤 직선 EFGH가 이 두 직선과 만나서 각 BFG, 각 FGD를 만드는데, 이들을 더한 것이 직각의 두 배가 된다고 하자. 그러면 두 직선 AB, CD는 서로 평행함을 보이겠다. 즉 이 두 직선이 서로 기울지 않았음을 보이겠다.

만약에 그게 가능하다면, 직선 FB, GD를 길게 늘인 것들이 만나는 점을 K라 하자.

두 각 BFG, FGD를 더한 것은 직각의 두 배가 되고, 네 각 AFG, BFG, FGD, FGC를 더한 것은 직각의 네 배가 된다. 그러므로 두 각 AFG, FGC를 더한 것은 직각의 두 배가 된다.

"두 직선 FB, GD는 두 내각을 더한 것이 직각의 두 배인데, 이들을 길게 늘이면 점 K에서 만난다. 그러므로 두 직선 FA, GC도 길게 늘이면 서로 만난다. 왜냐 하면 두 내각 AFG, CGF를 더한 것도 직

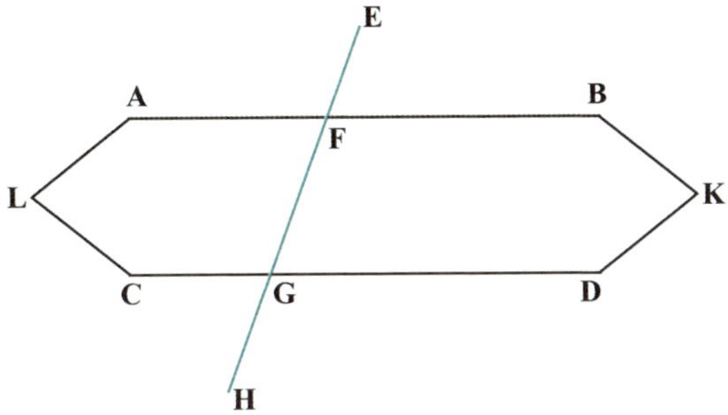

각의 두 배이기 때문이다."

그러므로 이쪽, 저쪽 모두 두 내각을 더한 것이 직각의 두 배가 되면, 두 직선은 양쪽에서 서로 만나거나, 아니면 양쪽 어디에서도 서로 만나지 않는다.

그렇다면 FA, GC가 만난다면, 그 점을 L이라고 하자.

그러면 두 직선 LABK, LCDK가 어떤 넓이를 둘러싸게 된다. 그러나 이것은 불가능하다.

그러므로 두 내각을 더한 것이 직각의 두 배가 되면, 두 직선은 서로 만날 수가 없다. 그러므로 이 두 직선은 서로 평행하다.

만약 EH의 한쪽에 있는 두 내각이 EH의 반대쪽에 있는 두 내각과 각각 크기가 같으면, 따옴표로 묶어서 표시한 그 논리가 좀더 분명하게 성립할 것이다. 바꿔 말하면, 각 BFG와 각 CGF의 크기가 같고, 각 FGD와 각 AFG의 크기가 같다고 하면, 두 직선 FB, GD가 K에서 만난다고 할 때, 삼각형 KFG를 잡은 다음, 그것을 FG의 중점 O에 대해서 회전시켜, FG가 GF에 놓이도록 하고, GD가 FA에 놓이도록 하고, FB가 GC에 놓이도록 할 수 있다. 그러면 FB, GD가 점 K에서 만나니까, GC, FA도 그에 대응하는 점 L에서 만나야 한다.

또는 프랭클랜드가 그렇게 한 것처럼, 직선 FG의 중점 O를 잡은 다음, O를 지나고 직선 AB에 수직이 되도록 직선 MN을 그어서, FG 대신에 MN을 사용해도 된다. 그러면 삼각형 OMF와 삼각형 ONG는 두 각들의 크기가 각각 같다. 즉 각 FOM과 각 GON의 크기가 같고

(1권 법칙 15), 각 OFM과 각 OGN의 크기가 같다. 그리고 한 변 OF와 한 변 OG의 길이가 같다. 따라서 이 두 삼각형은 서로 합동이며, 따라서 각 ONG도 직각이다. 그러므로 직선 MN은 두 직선 AB, CD에 대해서 수직이다. 그러면 마찬가지 방법으로, MA, NC와 MN이 만드는 삼각형 MALCN은 삼각형 NDKBM과 합동임을 보일 수 있으며, 따라서 MA, NC를 길게 늘이면 K에 대응하는 점 L에서 서로 만난다.

리만 기하학에서는 이런 일이 일어난다. 리만 기하학에서는 두 직선이 어떤 넓이를 둘러싸지 않는다는 공리가 성립하지 않으며, 한 점에서 만나는 직선들은 또 다른 점에서 만난다. 그리고 지금 여기에서는, MN에 수직인 모든 직선들은 점 K, L을 지난다. 만약 K, L이 서로 다른 두 점이 아니라 한 점이라고 가정하면, 두 직선은 어떤 넓이를 둘러싸지 않는다는 공리와 상충하지 않는다.

II. 프톨레미는 이제 이 공리를 사용하지 않으면서 1권 법칙 29를 증명하려고 한다. 그 다음에 이것을 사용하여서 이 공리를 이끌어 내고 있다. 그는 1권 법칙 29를 다음과 같이 증명하려 한다.

평행선들이 있고, 어떤 직선이 이 평행선들과 만나면, 어느 한쪽의 두 내각을 더한 것은 직각의 두 배와 크기가 같거나, 또는 더 크거나, 또는 더 작을 것이다.

두 직선 AB, CD가 서로 평행하다고 하자. 직선 FG가 이들과 만난다고 하자. 그러면 (1) FG의 한쪽에 생긴 두 내각을 더한 것이 직각의 두 배보다 크지 않음을 보이겠다.

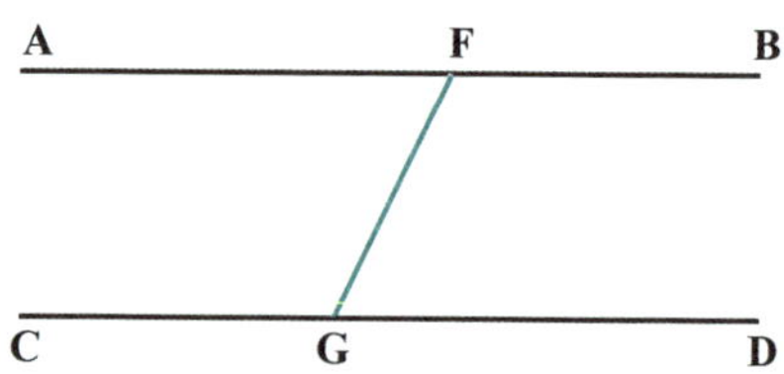

만약 각 AFG와 각 CGF를 더한 것이 직각의 두 배보다 더 크다면, 나머지 각 BFG와 각 DGF를 더한 것은 직각의 두 배보다 더 작다.

"그런데 이 두 각을 더한 것은 직각의 두 배보다 더 크다. 왜냐 하면, AF, CG는 FB, GD가 서로 평행한 것과 마찬가지로 서로 평행하다. 그러므로 AF, CG와 만나는 어떤 직선이 만드는 두 내각을 더한 것이 직각의 두 배보다 더 크면, FB, GD와 만나는 어떤 직선이 만드는 두 내각도 마찬가지로 더하면 직각의 두 배보다 더 크다."

그런데 이 두 각을 더한 것은 직각의 두 배보다 더 작다. 왜냐 하면 네 각 AFG, CGF, BFG, DGF를 더한 것은 직각의 네 배가 되기 때문이다. 그러므로 모순이 생겼다.

마찬가지 방법으로 (2) 이 평행선들과 만나는 직선이 만드는, 한쪽 방향의 두 내각을 더한 것은 직각의 두 배보다 더 작을 수 없음을 보일 수 있다.

그러므로 (3) 이게 만드는 두 내각을 더한 것이 직각의 두 배보다 크지도, 작지도 않으니, 두 내각을 더한 것은 직각의 두 배가 된다.

III. 프톨레미는 공리 5를 이렇게 끌어낸다.

두 개의 직선이 어느 한 직선과 만나는데, 한쪽의 두 내각을 더한 것이 직각의 두 배보다 더 작고, 그럼에도 그쪽에서 두 직선이 서로 만나지 않는다고 하자.

그러면 두 내각을 더한 것이 직각의 두 배보다 더 큰 쪽에서는 더욱더 만날 리가 없다.

그러므로 이 두 직선은 어느 쪽에서도 서로 만나지 않으며, 따라서 이들은 서로 평행하다.

그런데 앞의 법칙(1권 법칙 29)에 따라서, 평행선들이 어떤 직선과 만나면 두 내각을 더한 것이 직각의 두 배가 된다.

그러므로 이 두 내각을 더한 것이 직각의 두 배보다 더 작으면서 직각의 두 배와 크기가 같다. 이건 모순이다.

그러므로 이 직선들은 서로 만난다.

IV. 프톨레미는 마지막으로, 두 직선은 두 내각을 더한 것이 직각의 두 배보다 더 작은 쪽에서 만난다는 결론을 더욱 강화한다. 그는 다음과 같이 좀더 강한 논리를 써서 앞의 증명을 강화하고 있다.

다음 그림에 나오는 두 각 AFG, CGF를 더한 것이 직각의 두 배보다 더 작다고 하자.

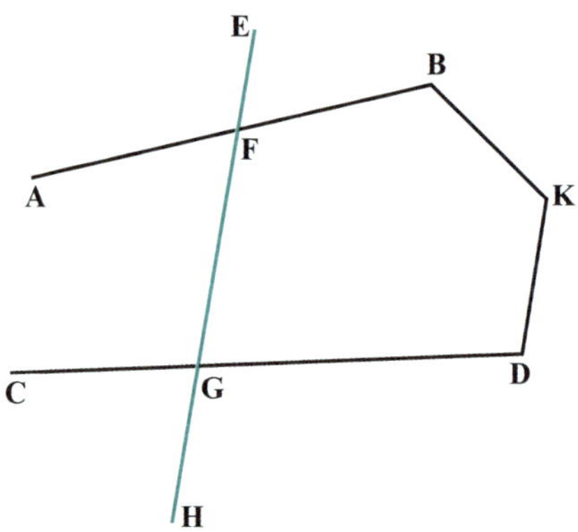

그러면 두 각 BFG, DGF를 더한 것은 직각의 두 배보다 더 크다.

우리는 이 직선들이 서로 기울어 있음을 보였다.

이들이 서로 만난다면, 이들은 A, C 방향에서 만나거나, 또는 B, D 방향에서 만날 것이다.

(1) 이들을 B, D 방향으로 길게 늘였을 때 점 K에서 만난다고 하자.

그러면 두 각 AFG, CGF를 더한 것은 직각의 두 배보다 더 작고, 두 각 AFG, GFB를 더한 것은 직각의 두 배와 크기가 같으니, 공통인 각 AFG를 빼고 생각하면, 각 CGF는 각 BFG보다 더 작다. 즉 삼각형 KFG의 외각이 이 삼각형의 다른 내각인 각 BFG보다 더 작다. 그러나 이건 모순이다.

그러므로 직선 AB, CD는 B, D 방향에서 서로 만날 수가 없다.

(2) 그런데 이들은 서로 만나야 한다. 그러므로 이들은 이 방향이 아니면 저 방향에서 서로 만난다.

그러므로 이들은 A, C 방향에서 서로 만난다. 즉 두 내각을 더한 것이 직각의 두 배보다 더 작은 쪽에서 만난다.

프톨레미의 논리 전개에서 잘못된 곳은, 1권 법칙 29를 증명하는 과정에서 따옴표로 묶어 놓은 부분이다. 프로클루스가 지적했듯이, 두 직선 AB, CD가 서로 평행하다고 해서, FG의 어느 한쪽 두 내각에 대해서 성립하는 사실이 (이들을 더한 것이 직각의 두 배와 크기가 같거나, 더 크거나, 더 작거나) 반대쪽 두 내각에 대해서도 반드시 성립한다고 가정하면 안 된다. 프톨레미는 이것을 정당화하기 위해서, FB, GD가 서로 평행한 것과 마찬가지로 FA, GC가 서로 평행하다고 말했다. 이 말은 어떤 점과 직선을 주었을 때, 주어진 점을 지나면서 그 직선에 평행한 직선은 단 하나만 있다는 가정과 동등하다. 바꿔 말하면, 프톨레미는 자신이 증명하려고 애쓰고 있는 공리와 동등한 것을 가정하였다.

… 프로클루스

프로클루스는 자신이 증명하려고 시도한 것을 보여 주기 전에, 이 공리에 나오는 직선들이 서로 만날 수 없음을 보여 주는 것 같은 기묘한 논리를 검토해 놓았다. 이 논리는 아킬레우스와 거북이의 달리기 시합 이야기와 비슷하다.

두 직선 AB, CD가 직선 AC와 만나는데, 두 내각 BAC, ACD를 더한 것이 직각의 두 배보다 더 작다고 하자.

AC를 이등분하는 점을 E라 하고, 직선 AB, 직선 CD에서 AE와 길이가 같도록 선분 AF, 선분 CG를 각각 잡아라.

FG를 이등분하는 점을 H라 하고, FH와 길이가 같도록 선분 FK, 선분 GL을 각각 잡아라. 이런 식으로 계속 잡아 나가라.

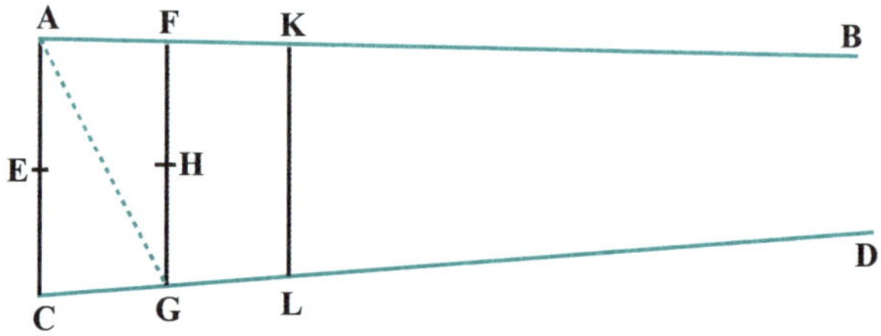

그러면 AF, CG는 FG의 어떤 점에서도 만날 수 없다. 왜냐 하면, 만약 이 둘이 FG의 어떤 점에서 만난다면, 삼각형의 두 변 AF, CG를 더한 것이 삼각형의 나머지 한 변 AC와 길이가 같아지며, 이것은 모순이다.

마찬가지 이유로, 두 직선 AB, CD는 KL의 어떤 점에서도 만날 수 없다. 그리고 "이렇게 계속해 나가라. 서로 다른 두 점을 잇고, 이때 생기는 선분을 이등분하여서, 직선에서 그것과 길이가 같도록 잘라 내고, 이렇게 한없이 계속할 수 있으니, 두 직선 AB, CD는 어느 곳에서도 서로 만날 수 없다."

이 논리가 엉터리임을 프로클루스가 폭로하지 못 한 것은 그리 놀라운 일이 아니다. (이 과정을 한없이 되풀이할 수 있는 것은 사실이지만, 그럼에도 불구하고 이 두 직선은 유한한 거리에서 서로 만나게 된다.) 그러나 프로클루스의 비판은 어느 정도 쓸모가 있다. 그는 이 논리가 실제 이상의 것을 보이고 있음을 지적하였다. 우리가 직선 AG를 긋기만 하면, 두 내각을 더한 것이 직각의 두 배보다 더 작은 직선들이 만나는 경우가 있음을 보일 수 있다. 즉 AG와 CG는 서로 만난다.

"그러므로 두 내각을 더한 것이 직각의 두 배보다 작은 경우, 두 직선이 서로 만나지 않는다고 무조건 말해서는 안 된다. 여기에는 어떤 한계를 주어야 한다. 반면에, 어떤 직선들은 두 내각을 더한 것이 직각의 두 배보다 더 작으면서 실제로 만남이 명백하다. 비록 이 논리를 보면 모든 직선들이 만나지 못 할 것처럼 보이지만. 그러므로 직각의 두 배보다 더 작은 정도에 어떤 한계가 있어서, 두 내각을 더한 것이 직각의 두 배보다 어느 정도만큼 더 작으면 이 두 직선은 만나지 않으며, 그보다 더욱 작아지면 이 두 직선은 만난다고 말해야 될 것 같다."

로바체프스키(Lobachewsky)가 개발한 개념이 처음 생겨난 형태를 여기에서 볼 수 있다. 즉 한 점과 직선을 주었을 때, 그 점에서 뻗어 나오는 직선들은 기존의 직선과 비교해서 두 종류로 나눌 수 있다. 서로 만나게 되는 직선과 만나지 않는 직선. 만나는 직선과 만나지 않는 직선의 경계가 되는 직선을 가리켜 '평행선'이라고 정의할 수도 있다.

프로클루스는 자신의 논리를, 아리스토텔레스가 우주의 크기가 유한함을 보일 때 사용한 자명한 이치에 바탕을 두고 있다. "두 직선이 한 점에서 어떤 각을 이루면서 한없이 뻗어 나가면, 그 직선들 사이 거리는 얼마든지 커져서, 그 어떤 유한한 양보다도 더 커진다." 아무튼, 중점에서 둘레로 그은 직선들의 길이가 무한하면, 그들 사이 거리도 무한하게 됨을 아리스토텔레스는 보였다. 만약 그들 사이 거리가 유한하다면, 거리를 어떤 한계 이상으로 늘일 수가 없다. 그러므로 직선들(반지름들)의 길이는 한없이 길어질 수 없다. 그러므로 직선들을 한없이 길게 늘이면, 그들 사이 거리는 어떤 유한한 양보다도 더 커진다.

이것은 [천체론]에 나오는 아리스토텔레스의 논리를 잘 대변하고 있다. 물론, 프로클루스가 자명한 이치라고 받아들인 명제를 이것이 증명해 주는 것은 아니다.

이것을 전제로 한 다음, 프로클루스는 시작해 나갔다.

I. "두 직선이 서로 평행한데, 만약 어떤 직선이 이들 중 하나와 만나면, 그 직선은 나머지 한 직선과도 만남을 보이겠다."

두 직선 AB, CD가 서로 평행하다고 하고, 직선 EFG가 AB와 만난다고 하자. 그러면 이 직선은 CD와도 만남을 보이겠다.

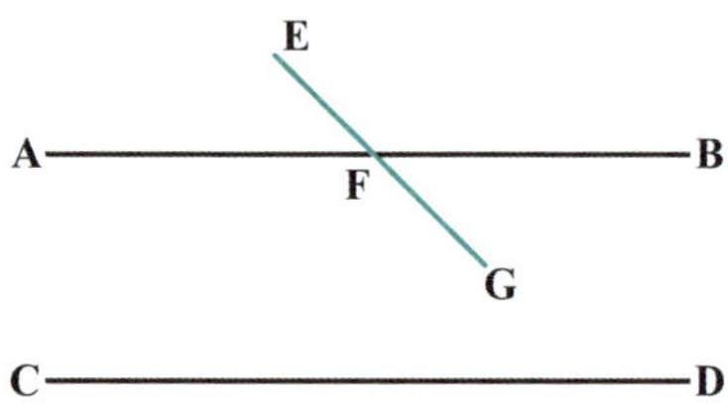

두 직선 BF, FG가 한 점 F에서 뻗어 나가는데, 이들이 한없이 멀리 뻗어 나가면, 이들 사이 거리는 어떠한 값보다도 더 커진다. 그러니 이들 사이 거리는 두 평행선의 간격보다 더 커진다. 그러므로 이들 사이 거리는 평행선들 사이 거리보다 더 커지며, 따라서 FG는 CD를 자르고 지나간다.

그러므로 이게 성립한다.

II. 이제 이것을 증명하였는데, 이 사실로부터 문제의 법칙이 성립함을 이끌어 내겠다.

두 직선 AB, CD가 있다고 하자. 한 직선 EF가 이들과 만나는데, 이 때 생기는 두 내각 BEF, DFE를 더한 것이 직각의 두 배보다 작다고 하자. 그러면 이 두 직선은 내각을 더한 것이 직각의 두 배보다 더 작은 쪽에서 서로 만나게 됨을 보이겠다.

두 내각 BEF, DFE를 더한 것이 직각의 두 배보다 더 작은데, 그 차이와 같은 크기가 되도록 각 HEB를 잡아라. 그리고 직선 HE를 길게 늘여서 K에 이르도록 해라.

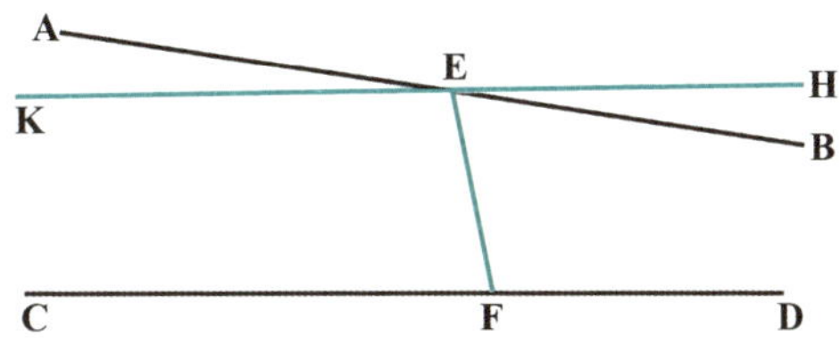

그러면 두 직선 KH, CD와 어떤 직선 EF가 만나는데, 이 때 생기는 두 내각 HEF, DFE를 더하면 직각의 두 배가 된다. 그러므로 두 직선 HK, CD는 서로 평행하다.

그런데 AB는 KH와 만난다. 그러므로 앞에서 증명한 것에 따라서, AB는 CD와도 만나야 한다.

그러므로 AB, CD는 두 내각을 더한 것이 직각의 두 배보다 더 작은 쪽에서 만난다.

그러므로 이 법칙을 증명하였다.

클라비우스는 이 증명에 대해서, 이 증명의 출발점이 되는, 아리스토텔레스로부터 받아들인 자명한 이치를 증명해야 한다고 비판하였다. 클라비우스는 지적하기를, 두 선이 한없이 가까워진다고 하더라도 그들이 서로 만나지 않는 경우가 있는 것처럼(쌍곡선과 그 점근선처럼), 두 선이 계속 멀어진다고 하더라도 그들 사이 거리가 얼마든지 멀어져 그 선의 한 점에서 다른 선으로 수직이 되도록 그은 직선의 길이가 그 어떠한 값보다도 더 커진다는 보장이 없다.

그러면서 그는 니코메데스의 질주선을 예로 들었다. 이 곡선은 점점 그 점근선에 가까이 접근하며, 따라서 그 꼭짓점의 접선으로부터 점점 더 멀어진다. 그러나 이 곡선의 어느 점에서든, 그 꼭짓점의 접선까지의 수직 거리는 접선과 점근선 사이의 거리보다 더 가깝다. 사체리도 이 반론에 동의하였다.

프로클루스의 첫 번째 법칙을 보면, 두 개의 평행선들(유클리드의 개념으로), 바꿔 말하면 공통인 수직선을 가지는 두 직선은 아무리 길게 늘이더라도 그들 사이 거리가 (꼭 일정하지는 않다 하더라도) 어떤 유한한 범위에 머문다고 하였는데, 이건 반론의 여지가 있다.

이 가설은 쌍곡기하학에서는 성립하지 않는다. 그리고 아리스토텔레스로부터 받아들인 자명한 이치는 타원기하학에서 성립하지 않는다.

··· 나시라딘

나시라딘(Nasiraddin, 1201 ~ 1274)은 페르시아 사람이며, 유클리드의 [기하학 원론]을 편찬하였다. 그는 세 가지 렘마를 써서 이 결론을 이끌어 내었다. 그 내용은 본질적으로 다음과 같다. 첫 번째 렘마는 명백하다고 그냥 받아들인 것 같다.

I. (가) 두 직선 AB, CD가 있는데, 직선 AB로부터 직선 CD에 수직이 되도록 EF, GH, KL을 차례차례 그었는데, 이들이 AB와 만드는 두 각의 크기가 다르다고 하자. 즉 B 방향의 각은 항상 예각이고, A 방향의 각은 항상 둔각이라고 하자. 그러면 두 직선 AB, CD는 예각 방향으로 가면 갈수록 점점 더 가까워지며, 둔각 방향으로 가면 갈수록 점점 더 멀어진다. 그리고 수직이 되도록 그은 직선들은 B, D 방향으로 가면 갈수록 점점 더 짧아지고, A, C 방향으로 가면 갈수록 점점 더 길어진다.

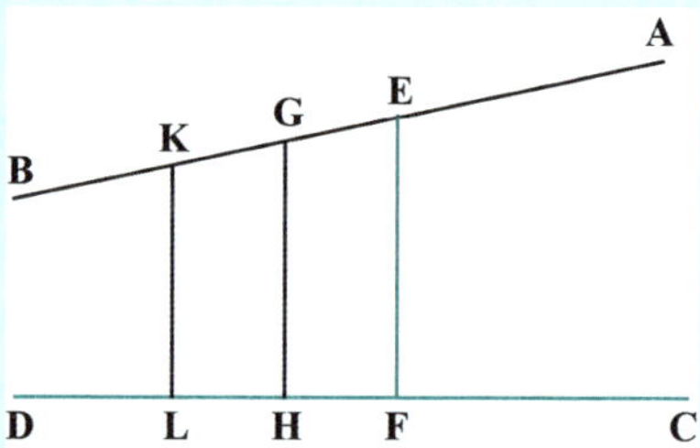

(나) 역으로, 이렇게 그은 수직선들이 B, D 방향으로 가면 갈수록 점점 짧아지고, A, C 방향으로 가면 갈수록 점점 길어진다고

하자. 그러면 두 직선 AB, CD는 B, D 방향으로 가면 갈수록 점점 더 가까워지고, A, C 방향으로 가면 갈수록 점점 더 멀어진다. 그리고 이 수직선들이 AB와 만나서 만드는 두 각은, 하나는 예각이 되며, 다른 하나는 둔각이 된다. B, D 방향의 각들은 모두 예각이 되며, A, C 방향의 각들은 모두 둔각이 된다.

사체리는 이것을 놓고서, 맨 앞부분에 나오는 (가)도 증명을 해야 한다고 지적했다. 그리고 역인 (나)를 놓고 따지기를, 수직선들이 차례차례 AB와 만나서 만드는 예각들이, 그 각들이 계속 예각들이라 하더라도, 수직선들이 작아지면서 그 각들이 조금씩 조금씩 더 커질 수 있지 않을까? 그래서 마침내 수직선들이 양쪽 직선 모두에 수직이 될 수 있지 않을까? 만약 그렇게 되면, 이 글쓴이의 노력은 말짱 헛고생이 되고 만다. 그리고 왈리스(Wallis)가 말한 것처럼, 이 렘마가 주장하는 게 사실이라고 그냥 받아들일 바에야, 이렇게 일을 벌이지 말고, 공리 5가 주장하는 게 사실이라고 그냥 받아들이는 편이 낫지 않을까?

II. "직선 AB의 양 끝점에서 AB에 수직이 되도록 직선 AC, BD를 그어라. 그리고 AC, BD의 길이가 같도록 잡아라. 그 다음, 직선 CD를 그어라. 그러면 각 ACD, 각 BDC는 둘 다 직각이 되며, CD와 AB는 길이가 같다."

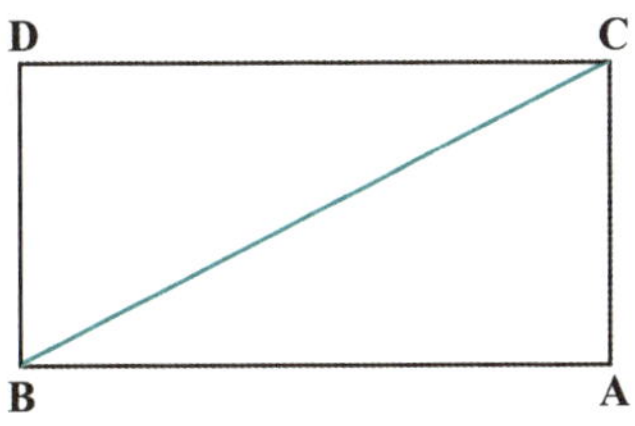

이 렘마의 앞부분은 정리 I을 이용하여 모순을 이끌어 내는 방법으로 증명할 수 있다. 예를 들어 각 ACD가 직각이 아니라고 하자. 그러면 각 ACD는 예각이거나 둔각일 것이다.

만약에 이게 예각이라면, 렘마 I에 따라서, AC는 BD보다 더 길다. 그러나 이건 가정에 어긋나니, 모순이 생겼다. 이런 식으로 증명을 한다.

각 ACD와 각 BDC가 직각임을 증명하였으니, CD와 AB가 길이가 같음은 쉽게 보일 수 있다.

물론 이 증명 과정에서는, 각 ACD가 예각이면 각 BDC가 둔각이 됨을 가정하고 있다. 그 역도 마찬가지이다.

III. "어떠한 삼각형이든, 세 내각을 더하면 직각의 두 배가 된다."

직각삼각형의 경우는 앞의 렘마를 써서 증명한다. 앞에 나온 사각형 ABDC는 모든 각들이 직각임을 이용한다. 직각삼각형이 아닌 삼각형들의 경우는, 어떠한 삼각형이든 두 개의 직각삼각형으로 쪼갤 수 있으니, 이게 성립한다.

IV. 이제 이것들을 써서 공리 5를 '증명'한다. 세 가지 서로 다른 경우들이 있는데, 한 내각이 직각이고 다른 한 내각이 예각인 경우에 대해서만 증명하면 충분하다.

두 직선 AB, CD가 있는데, 이들이 어떤 직선 FCE와 만난다고 하자. 그리고 각 ECD는 직각이고 각 CEB는 예각이라고 하자.

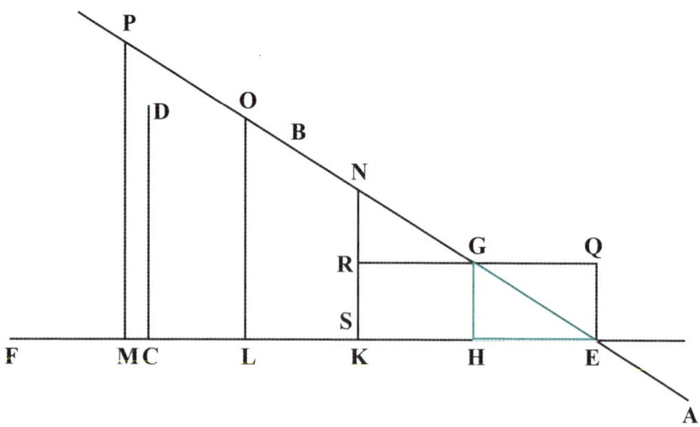

EB에서 어떤 점이라도 좋으니까 점 G를 잡아라. 그리고 EC에 수직이 되도록 직선 GH를 그어라.

각 CEG가 예각이니, 수직선 GH는 E에서 보아 D 방향에 놓인다. 이 수직선은 CD와 일치할 수도 있고, 일치하지 않을 수도 있다. 만약 일치하면 이 법칙의 증명이 끝났다.

GH가 CD와 일치하지 않는 경우, 만약 GH가 CD보다 더 F 방향에 놓여 있다면, CD는 세 직선 GH, HE, EG가 만드는 삼각형의 안에 놓여 있으니, 직선 CD를 길게 늘이면 EG와 만나야 함이 확실하다. (여기서 어떤 공리를 사용하고 있다. 즉 CD를 길게 늘이면 그게 삼각형 바깥으로 벗어나며, 따라서 어떤 변을 자르고 지나가야 한다. 그 변은 EB일 수밖에 없다. 왜냐 하면, 그 변이 수직선 GH일 수는 없고(1권 법칙 27), CE일 수도 없기 때문이다.)

마지막으로, GH가 CD에 비해 E 방향에 놓여 있다고 하자.

직선 HC를 따라서, EH와 길이가 같도록 HK, KL, … 을 차례차례 잡아 나가라. 그래서 이게 C 바깥으로 나가게 되는 점을 M이라 하자.

직선 GB를 따라서, EG와 길이가 같도록 GN, NO, … 를 차례차례 잡아 나가라. 그래서 EM이 EH의 곱인 것과 똑같이, EP가 EG의 곱이라고 하자.

그러면 점 N, O, P에서 EC에 수직이 되도록 그은 직선들이 점 K, L, M에 각각 닿게 됨을 증명할 수 있다.

우선 N에서 EC에 수직이 되도록 선을 그은 다음, 그것을 NS로 나타내자.

HE에 수직이 되도록 직선 EQ를 긋고, EQ의 길이가 HG의 길이와 같도록 잡아라. 그리고 직선 SN을 따라 HG와 길이가 같도록 SR을 잡아라. 직선 QG, GR을 그어라.

그러면 (렘마 II에 따라서) 각 EQG, 각 QGH는 직각이며, QG와 EH는 길이가 같다.

마찬가지 이유로 각 SRG, 각 RGH는 직각이며, RG와 SH는 길이가 같다.

그러므로 RGQ는 한 직선이며, 두 맞꼭지각 NGR, EGQ는 크기가 같다. 각 NRG, 각 EQG는 둘 다 직각이며, NG와 GE는 길이가 같다.

그러므로 (1권 법칙 26에 따라서) RG와 GQ는 길이가 같으며, 따라서 SH, HE, KH는 모두 길이가 같고, S와 K는 일치한다.

다른 수직선들에 대해서도 마찬가지로 보일 수 있다.

그러므로 PM은 FE와 수직이 된다. 따라서 CD는 삼각형 PME의 안에 놓여 있으며, CD는 MP와 평행하니, CD를 길게 늘이면 EP와 만나게 된다.

··· 왈리스

왈리스(John Wallis, 1616 ~ 1703)의 증명은 다음 가설에 바탕을 두고 있다. "어떤 도형을 주었을 때, 우리는 그 도형과 닮은꼴인 도형을 어떠한 크기로든 만들 수 있다." 사실, 왈리스는 삼각형들에 대해서만 이것을 가정하였다. 그는 다음과 같은 순서로 증명하였다.

(1) 어떤 유한한 길이인 선분이 한없이 긴 직선에 놓여 있으면, 그 선분은 자신이 가리키는 방향을 따라 아무리 멀리 움직이더라도, 그 선분은 여전히 그 직선에 놓여 있다.

(2) 어떤 각의 한쪽 변이 무한히 긴 직선에 놓여 있으면, 그 각은 무한 직선을 따라 아무리 멀리 움직이더라도, 각의 크기는 조금도 바뀌지 않는다.

(3) 두 개의 직선이 있는데, 제 삼의 직선이 이들과 만나서, 어느

한쪽에 있는 두 내각을 더한 것이 직각의 두 배보다 더 작다고 하자. 그러면 두 외각들은 다른 (엇각 관계인) 내각들보다 각각 더 크다. (1권 법칙 13을 써서 증명함.)

(4) 두 직선 AB, CD가 있는데, 이들이 어떤 직선 AC와 만나서, 이 때 생기는 두 내각 BAC, DCA를 더한 것이 직각의 두 배보다 더 작다고 하자. 각 BAC의 한 변 AC가 직선 AF를 따라 미끄러지도록 해서, 변 AC가 $\alpha\gamma$ 위치에 왔다고 하자. 그래서 α는 C와 일치한다고 하자. 이 때 AB가 $\alpha\beta$ 위치에 놓인다고 하면, $\alpha\beta$는 완전히 CD의 바깥에 놓인다. (위에 나온 (3)을 써서 증명함.)

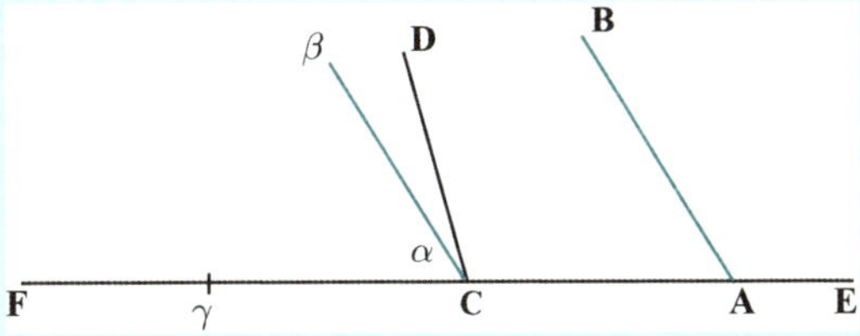

(5) 위와 같이 가정할 때, 직선 $\alpha\beta$, 바꿔 말하면 직선 AB가 미끄러지면서 움직일 때, 이게 C에 닿기 전에 직선 CD를 자르고 지나가야 한다.

(6) 위에서 말한 공리들을 여기서 공표해 놓았다.

(7) 이제 다음과 같은 순서로 공리 5를 증명한다.

두 직선 AB, CD가 있는데, 무한히 긴 직선 ACF가 이들과 만나서, 이 때 생기는 두 내각 BAC, DCA를 더한 것이 직각의 두 배보다 더 작다고 하자.

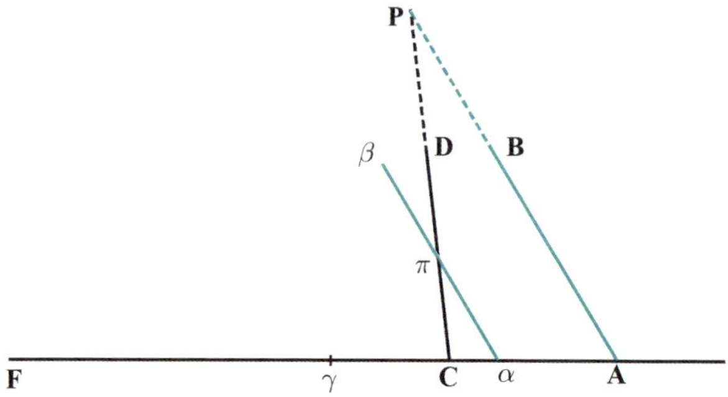

각 BAC의 한 변 AC가 ACF를 따라 움직여서(AB를 부착한 상태로), 직선 AB가 $\alpha\beta$ 위치에 놓여서, 직선 CD와 점 π에서 만나도록 만들어라.

그러면 삼각형 $\alpha C\pi$가 생긴다. 위의 공리에 따라서, 우리는 CA를 한 변으로 하여 삼각형 $\alpha C\pi$와 닮은꼴인 삼각형을 만들 수 있다. 그 삼각형을 ACP라 하자.

(왈리스는 이렇게 작도할 수 있음을 변호하는 논리를 여기에 놓았다.)

그러면 CP와 AP는 점 P에서 만난다. 그리고 닮은꼴 도형의 정의에 따라서, 삼각형 PCA와 삼각형 $\pi C\alpha$는 각들의 크기가 각각 같다. 즉 각 PCA와 각 $\pi C\alpha$의 크기가 같고, 각 PAC와 각 $\pi\alpha C$의 크기가 같다. 바꿔 말하면, 각 PAC와 각 BAC의 크기가 같다. 그러므로 CP는 CD를 길게 늘인 것이며, AP는 AB를 길게 늘인 것이다.

그러므로 AB, CD를 길게 늘이면, 두 내각을 더한 것이 직각의 두 배보다 더 작은 쪽에서 만나게 된다.

(이 증명의 핵심은, 닮은꼴 도형을 자유롭게 그릴 수 있다고 가정한 것이다. 사체리가 지적했듯이, 이 가정은 '직각 가설'을 받아들이는 것과 같다. 즉 유클리드의 공리 5와 동등한 것이다.)

··· 사체리

사체리(Gerolamo Saccheri, 1667 ~ 1733)는 예수회 신부이며, 파비아 대학의 교수였다. 그는 1733년에 [Euclides ab omni naevo vindicatus]를 출판하였는데, 이 책은 엥겔(Engel)과 스태켈(Stäckel)이 독일어로 편찬한 [Die Theorie der Parallellinien von Euklid bis auf Gauss], 또는 보카디니(G. Boccardini)가 축약하고 주석을 달아서 이탈리아 어로 편집한 [L'Euclide emendato del P. Gerolamo Saccheri]를 통해서 볼 수 있다.

사체리의 시도는 그 이전의 다른 수학자들이 공리 5를 증명하려고 시도한 것에 비해서 훨씬 더 중요하다. 왜냐 하면, 유클리드 공리 이외의 다른 가능성에 대해서 고려해 본 것은 사체리가 처음이기 때문이다. 그는 이런 다른 가능성이 낳는 결과들을 따져 보았다.

벨트라미(Beltrami)가 말했듯이, 사체리는 르장드르나 로바체프스키의 선임자이며, 리만의 선임자라고 할 수 있다. 베로네스에 따르면([Fondamenti di geometria]), 사체리는 평행선의 모든 가능성들에 대한 이론을 어렴풋이나마 살펴보았다. 그에 비하여, 르장드르, 로바체프스키, 볼리야는 둔각 가설, 즉 리만 가설을 알지 못한 채 선험적으로(a priori) 배제하고 있었다.

그러나 당시 사람들은 유클리드 기하학만이 유일한 기하학이라는 편견에 사로잡혀 있었으며, 사체리도 그런 편견에 희생되었다. 그는 새로운 공리들을 바탕으로 정교한 구조물을 공들여 세운 다음, 그것을 부수기 위해서 애를 썼다. 그는 자신이 만든 구조물에서 모순을 찾으려고 애를 썼다. 그래야만 자신의 가설이 거짓인 게 증명되기 때문이다.

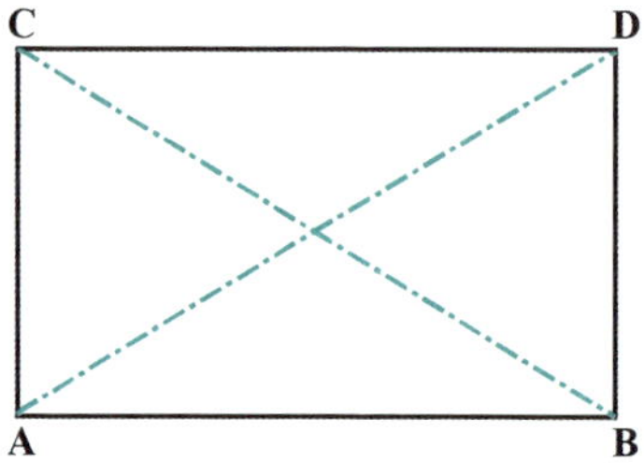

자신의 가설들을 명확하게 나타내기 위해서, 사체리는 사각형 ABDC를 잡았다. 여기서 두 변 AC, BD는 길이가 같으며, 둘 다 AB와 수직이라고 놓았다. 그러면 각 C와 각 D의 크기가 같음을 쉽게 보일 수 있다. 유클리드의 가설을 받아들이면, 이들은 둘 다 직각이 된다. 그러나 유클리드의 가설을 버리면, 이들은 둘 다 둔각이 되거나, 또는 둘 다 예각이 될 수 있다.

사체리는 이 세 가지 가능성을 (1) 직각 가설, (2) 둔각 가설, (3) 예각 가설이라고 구별해 불렀다. 이들 각각의 경우에 여러 가지 법칙들이 파생되어 나온다. 사체리의 관점에 따르면, 만약 뒤의 두 가지 경우에 나오는 법칙들에서 어떤 모순이 생기면, 공리 5를 완벽하게 증명하는 게 된다.

사체리가 정립해 나간 법칙들 중에서 가장 중요한 것들은 다음과 같다.

(1) "어느 한 사각형에 대해서 직각 가설, 또는 둔각 가설, 또는 예각 가설이 성립하면, 다른 모든 사각형들에 대해서도 그 가설이 성립한다." (법칙 5, 6, 7)

(2) "직각 가설이 성립하면, 삼각형의 세 내각의 합은 직각은 두 배가 된다. 둔각 가설이 성립하면, 삼각형의 세 내각의 합은 직각의 두 배보다 더 크다. 예각 가설이 성립하면, 삼각형의 세 내각의 합은 직각의 두 배보다 더 작다." (법칙 9)

(3) "세 내각의 합이 직각의 두 배가 되는 삼각형이 단 하나라도 있으면, 직각 가설이 성립한다. 세 내각의 합이 직각의 두 배보

다 더 큰 삼각형이 단 하나라도 있으면, 둔각 가설이 성립한다. 세 내각의 합이 직각의 두 배보다 더 작은 삼각형이 단 하나라도 있으면, 예각 가설이 성립한다." (법칙 15)

이 법칙은 다음 사실을 뜻하고 있다.

"만약 어느 한 삼각형의 세 내각을 더한 것이 직각의 두 배와 크기가 같거나, 더 크거나, 더 작으면, 다른 모든 삼각형들도 세 내각을 더한 것이 직각의 두 배와 크기가 같거나, 더 크거나, 더 작게 된다."

약 일 세기 후에, 르장드르는 세 내각을 더한 것이 직각의 두 배와 크기가 같거나, 더 작은 두 가지 경우에 대해서, 이것을 증명하였다.

사체리의 증명 과정이 완벽한 것은 아니었다. 그는 둔각 가설과 관계가 있는 법칙 12, 법칙 13을 증명할 때 [기하학 원론] 1권의 법칙 18을 이용하였다. 그런데 1권 법칙 18은 1권 법칙 16에 의존하고 있으며, 이 법칙은 "직선들의 길이가 한없이 길다."는 가설이 있어야만 성립한다. 그런데 둔각 가설(리만 가설)을 채택하면 이 가설이 깨져 버린다.

사체리는 예각 가설을 제거하려고 훨씬 더 많은 이론들을 전개해 나갔다. 그가 쓴 책의 이 부분은 그리 만족스럽지 않지만, 다음의 중요한 법칙들을 담고 있다. 이 법칙들은 후에 로바체프스키와 볼리야가 새롭게 정립하였다.

(4) "평면에 있는 두 직선은 (예각 가설을 받아들이는 경우에도) 서로 공통인 수직선을 가지거나, 또는 길게 늘였을 때 유한한 거리에서 서로 만나거나, 또는 길게 늘였을 때 점점 더 가까워져야 한다." (법칙 23)

(5) "어떤 직선과 어떤 점을 주었다고 하자. 그러면 (예각 가설을 받아들이는 경우) 그 점을 지나는 수많은 직선들 중에 두 개의

> 특별한 직선이 있어서, 그 점을 지나는 직선들 중에 주어진 직선과 만나는 직선들, 만나지 않는 직선들을 구별하는 경계선 역할을 한다. 이 두 직선도 주어진 직선과 만나지 않는다. 주어진 직선과 공통인 수선을 갖는 직선은 이 두 직선 사이에 놓인다." (법칙 30, 31, 32)

··· 람베르트

클뤼겔(G. S. Klügel)은 1763년에 "Conatuum praecipuorum theoriam parallelarum demonstrandi recensio"라는 논문을 썼는데, 공리 5를 "증명"한 30가지 방법들을 검토해 놓았다. 그는 마지막에 가서, "이게 과연 증명할 수 있는 것인가 의심스럽다."라고 적어 놓았다. 유클리드의 가설이 참이라고 믿는 까닭은, 엄밀한 연역적 추론에서 나온 것이 아니고, 관찰과 경험에서 나온 것이라고 적어 놓았다. 공리 5의 증명 가능성을 의심한 것은 클뤼겔이 처음인 것 같다.

이 논문은 람베르트(Johann Heinrich Lambert, 1728 ~ 1777)의 흥미를 끌어서, 그로 하여금 평행선에 대해서 연구를 하도록 만들었다. 람베르트는 1766년에 [Theory of Parallels]를 썼으며, 이것은 그가 사망한 이후 베르누이와 힌덴부르그(Hindenburg)가 출판하였다. 이것은 엥겔과 스태켈이 쓴 책에 나와 있다.

람베르트가 쓴 책의 세 번째 부분은 사체리가 논한 세 가지 가설들을 다루는 데 전념하고 있다. 람베르트는 직각 가설을 첫 번째 가설이라고 불렀고, 둔각 가설을 두 번째 가설, 예각 가설을 세 번째 가설이라고 불렀다. 람베르트는 세 각이 직각인 사각형을 출발점으로 삼았는데(바꿔 말하면, 사체리의 사각형의 한가운데를 잘라서 절반을 택함), 세 가지 가설들은 네 번째 각이 직각이다, 둔각이다, 예각이다라고 가정하는 것이다.

람베르트는 사체리에 비해서 더욱 많은 새로운 법칙들을 두 번째, 세 번째 가설들로부터 이끌어 내었다. 가장 놀라운 결과는 다음 사실이다.

"두 번째 또는 세 번째 가설을 받아들일 때, 평면에 있는 삼각형의 넓이는 세 내각을 더한 것과 직각의 두 배와의 차이에 비례한다."

세 번째 가설을 받아들이면, 삼각형의 넓이는 공식

$$\Delta = k(\pi - A - B - C) \quad \cdots\cdots \quad (1)$$

로 표현되고, 두 번째 가설을 받아들이면, 삼각형의 넓이는 공식

$$\Delta = k(A + B + C - \pi) \quad \cdots\cdots \quad (2)$$

로 표현된다. 여기서 k는 양의 상수이다.

여기에다 다음과 같이 놀라운 관찰을 기록해 놓았다.

"이것과 관련해 생각해 보니, 평면 삼각형 대신에 구면 삼각형을 생각하면, 두 번째 가설이 성립하는 것 같다. 왜냐 하면, 구면 삼각형의 경우 세 내각을 더한 것이 직각의 두 배보다 더 크며, 그 차이는 삼각형의 넓이에 비례하기 때문이다."

"이보다 더욱 놀라운 사실은, 내가 여기서 구면 삼각형에 대해서 말한 것들은, 평행선의 난점과 상관이 없이 증명할 수 있다는 것이다."

두 번째 가설이 구면에서 성립한다는 사실은 중요한 발견이다. 이것은 후에 리만 가설로서 정립되게 된다. (1854년)

더욱 주목할 만한 것은, 다음과 같이 예언을 한 것이다. "나는 이 세 번째 가설이 거짓 구면에서 성립한다고 결론을 내리고 싶다." (로바체프스키가 1837년에 쓴 [Géométrie imaginaire] 참조.)

위의 공식 (2)는 구면 삼각형의 넓이를 나타내는데, 여기서 $k = r^2$이다. (r은 구의 반지름.) 이 공식에서 r 대신에 $r\sqrt{-1}$을 넣으면

공식 (1)을 얻게 되는데, 람베르트는 아마 이것 때문에 그런 생각을 굳힌 것 같다.

··· 르장드르

지금 우리가 다루는 이 주제에 관해서, 르장드르(Adrien Marie Legendre, 1752 ~ 1833)의 업적을 소개하지 않을 수 없다. 르장드르는 한 세대에 걸쳐서 평행선 이론을 연구하였다. 그가 유클리드의 가설을 증명하려고 시도한 것들은, 그가 출판한 [Éléments de Géométrie] 제 1판(1794)에서 제 12판(1823)에 걸쳐 나타나 있다. 이 문제에 대한 그의 최종 결론이 12판에 담겨 있다. 그 후 1833년에 그는 [Mémoires de l'Académie Royale des Sciences], XII에다, 자신의 여러 가지 증명 방법들을 "Réflexions sur différentes manières de démontrer la théorie des parallèles"라는 제목으로 모아 놓았다.

평행선 이론과 삼각형의 세 각의 합과의 관계는 사체리가 제기하였고, 그 후 꾸준히 그 관계가 주목을 받았지만, 르장드르의 설명은 그들 사이의 본질적인 관계를 더욱 분명히 드러내 보였다. 르장드르는 [Éléments] 제 1판에서 "삼각형의 세 각을 더하면 직각의 두 배가 된다."는 법칙을 해석학적으로 증명하였는데, 그의 증명은 '단위 길이'를 선택하는 방법이 이 법칙의 참, 거짓과 관계가 없다는 가설에 바탕을 두고 있다. 이 가설은 왈리스가 가정한 닮은꼴 도형의 존재와 동등한 것이다. 제 12판에도 이와 비슷한 해석학적 증명이 나온다.

르장드르는 제 2판에서, "세 점이 한 직선에 놓여 있지 않으면, 그 세 점을 지나는 원이 존재한다."는 가정을 바탕으로 공리 5를 증명하였다. 르장드르는 제 3판에서 (1800) "삼각형의 세 각을 더한 것은 직각의 두 배보다 크지 않다."는 법칙을 제시하였다. 그는 기하학적인 방법으로 증명하였다. 그 후 다른 증명법을 제시하였는데, 가장 유명한 방법은, [기하학 원론] 1권 법칙 16처럼 새로운 삼각형을 만들어서 기존의 삼각형을 대치하고, 이 과정을 되풀이하는 것이다. 이때 새로운 삼각형의 세 각을 더하면 기존 삼각형의 세 각을 더한 것과 항상 크기가 같으며, 한 각은 점점 커지고 두 각은 점점 작아진다.

그러나 "삼각형의 세 각을 더한 것은 직각의 두 배보다 작지 않다."는 법칙이 필요한데, 이 법칙을 증명하는 일은 더욱 어려움을 르장드르는 깨달았다.

르장드르는 우선 다음 사실을 관찰하였다. 구면 삼각형의 경우 세 각의 합과 직각의 두 배와의 차이가 그 삼각형의 넓이에 비례하는데, 직선 삼각형의 경우도 이와 비슷하게, 만약 세 각의 합이 직각의 두 배보다 더 작으면, 그 차이는 삼각형의 넓이에 비례한다. 그러니 어떤 삼각형이 있다고 하면, 그 삼각형을 m개 포함하는 새로운 삼각형을 만들면, 이 새로운 삼각형은 세 각의 합과 직각의 두 배와의 차이가 원래 삼각형에 비해서 m배가 된다. 그러니 m이 충분히 커지면, 이 새로운 삼각형은 세 각의 합이 0이 되거나 또는 음수가 된다. 이것은 모순이다.

이제 이 문제는, 주어진 삼각형을 적어도 두 번 포함하는 삼각형을 만들 수만 있으면 해결이 된다. 그러나 이렇게 단순한 문제조차, 이것을 해결하려면 다음 가설이 필요하다. "직각의 2/3보다 작은 각 속에 한 점이 놓여 있으면, 그 점을 지나고 각의 양변을 만나도록 직선을 긋는 게 늘 가능하다." 그러나 이 가설은 사실 유클리드의 공리와 동등하다. 다음의 증명 과정을 보면, 이 가설이 필요함을 알 수 있다.

삼각형의 세 각을 더한 것이 직각의 두 배보다 작지 않음을 증명해야 한다.

삼각형 ABC에서 가장 작은 각을 A라고 하자. A와 마주 보는 변 BC에다 삼각형 DBC를 붙여라. 삼각형 DBC는 삼각형 ACB와 합동이며, 각 DBC는 각 ACB와 크기가 같고, 각 DCB는 각 ABC와 크기가 같다고 하자. "어떠한 직선이라도 좋으니, 점 D를 지나고 직선 AB, 직선 AC와 만나게 되도록 직선을 그어라." 이 직선이 AB, AC와 만나는 점을 E, F라 하자.

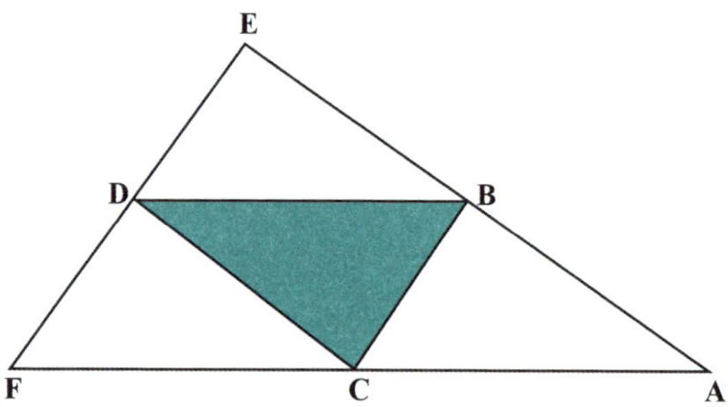

만약 삼각형 AB C의 세 각을 더한 것이 직각의 두 배보다 더 작으면, 그것을 $2R-\delta$로 나타내자. 삼각형 DBC는 삼각형 ACB와 각들의 크기가 같으니, 세 각을 더하면 역시 $2R-\delta$가 된다.

다른 두 삼각형 DEB, FDC의 경우 세 각을 더한 것이 직각의 두 배보다 더 클 수는 없으니(르장드르의 증명법이 뒤에 나온다.), 이 그림에 있는 네 삼각형의 각 열두 개를 모두 더하면, 기껏해야

$$2R+\ 2R-\delta+2R-\delta$$

가 되며, 이보다 더 클 수는 없다. 즉 기껏해야 $8R-\delta$가 된다.

그런데 B, C, D에서 세 각을 더한 것은 각각 $2R$이 된다. 그러므로 이 아홉 개의 각을 빼면, 삼각형 AEF의 세 각을 더한 것은 기껏해야 $2R-2\delta$가 된다.

그러므로 삼각형 ABC의 세 각을 더한 것이 직각의 두 배에 비해서 δ만큼 더 작으면, 더 큰 삼각형 AEF의 세 각을 더한 것은 직각의

두 배에 비해서 2δ이상 더 작다.

삼각형 AEF를 이용해 이보다 더 큰 삼각형을 만들고, 이런 식으로 계속 만들어 나갈 수 있다. 그러면 양수 δ가 아무리 작더라도, 결국에 가서 $2^n\delta$가 $2R$보다 더 커지도록 할 수 있다. 그러므로 삼각형이 충분히 크면, 그 세 각을 더한 것이 0이 되거나 또는 음수가 된다. 그러나 이것은 모순이다.

그러므로 이 법칙이 성립한다.

르장드르는 제 3판에서 제 8판에 이르기까지 이 방법을 사용하였지만, 위에서 말한 가설이 난점을 제기하기 때문에, 르장드르는 제 9판에서 이 방법을 포기하고, 순수하고 단순한 유클리드의 방법으로 돌아왔다.

그렇지만 르장드르는 제 12판에서 삼각형들을 연속적으로 만들어 나가는 방법으로 회귀하였다. 삼각형들을 차례차례 한없이 계속 만들어서, 삼각형의 세 각을 더한 것은 원래 삼각형의 세 각을 더한 것과 같고, 새로운 삼각형들은 두 각이 점점 작아지고 한 각이 점점 커지도록 만들 계획을 세웠다. 새로운 삼각형들을 한없이 계속 만들어서, 두 각은 점점 작아져서 0으로 가까이 가고, 한 각은 점점 커져서 '평각'이 되니, 삼각형의 세 각을 더하면 직각의 두 배가 됨을 증명했다고 르장드르는 주장했다. 르장드르가 이 삼각형들을 만들어 나간 과정과, 그가 시도한 증명 방법은 다음과 같다.

주어진 삼각형을 ABC라고 하자. AB가 가장 긴 변이며, BC가 가장 짧은 변이라고 하자. 그러므로 각 C가 가장 크며, 각 A가 가장 작다.

변 BC의 중점 D를 잡고, 직선 AD를 그어라. AD를 길게 늘여서 AC'를 그리되, AC'의 길이가 AB의 길이와 같도록 잡아라.

AB를 길게 늘여서 B'에 이르도록 하되, AB'의 길이가 AD 길이의 두 배가 되도록 해라.

그러면 삼각형 AB'C'의 세 각을 더한 것은 삼각형 ABC의 세 각을 더한 것과 크기가 같다.

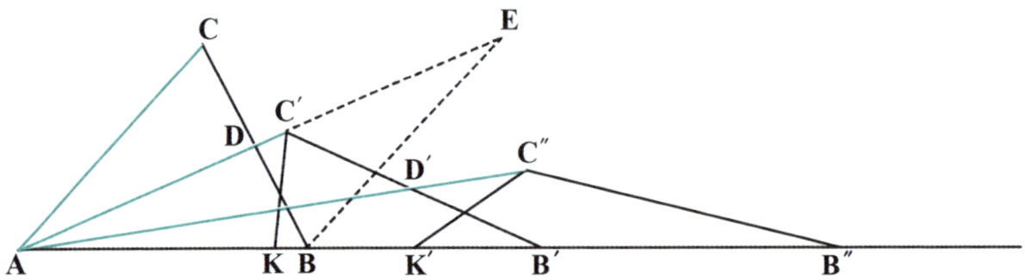

이것을 보이기 위해서, AD와 길이가 같도록 AK를 직선 AB에서 잡아라. 그리고 직선 C'K를 그어라.

그러면 삼각형 ABD와 삼각형 AC'K는 두 변이 각각 같으며, 그 사이에 낀 각이 같다. 그러므로 이 두 삼각형은 합동이다. 따라서 C'K는 BD와 길이가 같다. 즉 DC와 길이가 같다.

그 다음, 삼각형 B'C'K와 삼각형 ACD는 각 B'KC와 각 ADC의 크기가 같다. 이들은 각각 각 AKC', 각 ADB의 보각이기 때문이다. 그리고 이들을 끼고 있는 변들이 각각 길이가 같다.

그러므로 삼각형 B'C'K와 삼각형 ACD는 합동이다.

그러므로 각 AC'B'는 원래 삼각형의 두 각 B, C를 더한 것과 같다. 그리고 원래 삼각형의 각 A는, 새로운 삼각형 AB'C'의 두 각 C'AB', AB'C'를 더한 것과 같다. 그러므로 새로운 삼각형 AB'C'의 세 각을 더한 것은 원래 삼각형 ABC의 세 각을 더한 것과 같다.

그리고 변 AC'가 AB와 길이가 같으니, AC'는 AC보다 더 길다. 따라서 B'C'보다 더 길다. B'C'는 AC와 길이가 같기 때문이다.

그러므로 각 C'AB'는 각 AB'C'보다 더 작으며, 따라서 각 C'AB'는 각 A의 절반보다 더 작다. 여기서 각 A라는 말은 원래 삼각형 ABC

의 각 CAB를 가리킨다.

(여기 나오는 삼각형 AB'C'는 기하학 원론 1권 법칙 16에 나오는 삼각형 BCF와 사실상 똑같은 삼각형이다. 여기서는 다만 가장 긴 변이 직선 AB를 따라 놓이도록 한 것뿐이다.)

변 B'C'의 중점 D'를 잡아서, 이렇게 삼각형을 만드는 일을 되풀이해라. 그러면 새로운 삼각형 AB"C"를 얻게 되며, (1) 이 삼각형의 세 각을 더한 것은 원래 삼각형 ABC의 세 각을 더한 것과 같고, (2) 두 각 C"AB", AB"C"를 더한 것은 앞서 나온 삼각형의 각 C'AB'와 같으며, 따라서 각 A의 절반보다 더 작고, (3) 각 C"AB"는 각 C'AB'의 절반보다 더 작다. 즉 각 A의 1/4보다 더 작다.

이런 식으로 계속 되풀이해라. 그러면 삼각형 Abc를 얻게 되는데, 꼭짓점 A와 b에 생기는 두 각을 더한 것은 원래 삼각형의 각 A에 비해서 $1/2^n$ 배보다 더 작아지며, 각 c는 앞에 나온 삼각형의 대응하는 각보다 더 커진다.

르장드르는 다음과 같이 주장한다. 이런 식으로 한없이 계속 만들어 나가면, 각 A의 $1/2^n$ 배는 그 어떠한 각보다도 더 작아진다. 따라서 점 c는 결국 변 Ab에 놓이게 되며, 삼각형의 세 각을 더한 것은 꼭짓점 c에서 생기는 각과 같다. 그런데 각 c는 '평각'이니 직각의 두 배가 된다. 이들 삼각형의 세 각을 더한 것은 원래 삼각형의 세 각을 더한 것과 같으니, 삼각형의 세 각을 더하면 직각의 두 배가 된다.

그러나 스타인(J. P. W. Stein)은 이 증명이 틀렸음을 [Annales de Mathématiques]에 밝혀 놓았다. (1824) 맨 마지막에 가서 유추한 것이 잘못되었다.

르장드르가 증명한 법칙들 중에 가장 중요한 것들을 여기 소개하겠다. 이것들은 평행선 가설에 따라 좌우되지 않으므로 매우 큰 값어치가 있다.

I. "삼각형의 세 각을 더한 것은 직각의 두 배보다 크지 않다."

르장드르는 이것을 두 가지 방법으로 증명하고 있다.

(1) 첫 번째 증명 ([Éléments] 제 3판)

주어진 삼각형을 ABC로 나타내자. 직선 ACJ를 그어라. AC와 길이가 같도록 CE를 잡고, 각 BAC와 크기가 같도록 각 DCE를 잡고, AB와 길이가 같도록 CD를 잡아라. 직선 DE를 그어라. 그러면 삼각형 DCE와 삼각형 BAC는 모든 면에서 완전히 똑같다. (합동이다.)

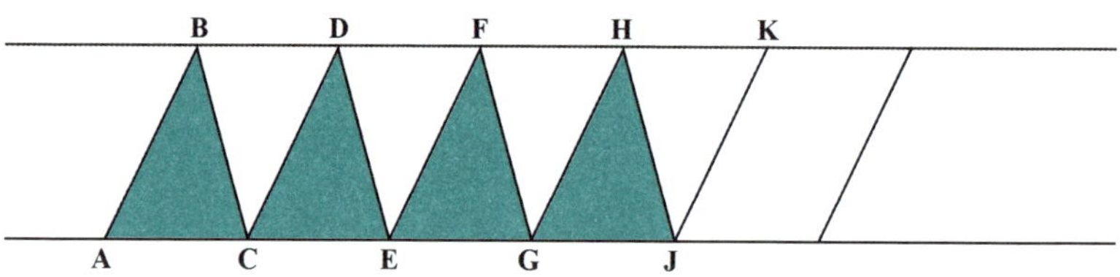

만약 삼각형 ABC의 세 각을 더한 것이 $2R$보다 더 크다면, 그것은 세 각 BCA, BCD, DCE를 더한 것보다 더 크다. 왜냐 하면, 이 세 각을 더한 것이 $2R$이기 때문이다.

양쪽에서 같은 크기의 각들을 빼고 나면, 각 ABC가 각 BCD보다 더 크다는 결론이 나온다.

그런데 삼각형 ABC의 두 변 AB, BC는 삼각형 BCD의 두 변 DC, CB와 각각 길이가 같다. 그러므로 밑변 AC는 밑변 BD보다 더 길다. (기하학 원론 1권 법칙 24)

그 다음, 마찬가지 방법으로 삼각형 BAC 또는 삼각형 DCE와 합동이 되도록 삼각형 FEG를 만들어라. 그러면 역시 마찬가지 방법으로 CE(또는 AC)가 DF보다 더 긺을 보일 수 있다. 그리고 BD와 DF는 길이가 같다. 왜냐하면 각 BCD와 각 DEF가 크기가 같기 때문이다.

이런 식으로 계속 삼각형들을 만들어 나가라. 그러면 AC와 BD의 차이가 아무리 작다 하더라도, 그 차이를 여러 배로 만들게 되니까, 나중에 가면 직선 AJ와 직선 BDFHK의 길이 차이가 어떠한 값보다도 더 커지게 된다. 그러니 AB와 JK를 더한 것보다도 더 커진다.

그러므로 삼각형 ABC의 세 각을 더한 것이 $2R$보다 더 크다고 하면, 선 ABDFHKJ의 길이가 직선 AJ의 길이보다 더 짧게 된다. 그러나 이것은 모순이다. 그러므로 이 법칙이 성립한다.

(2) 나중에 추가한 증명

만약에 그게 가능하다면, 삼각형 ABC의 세 각을 더한 것이 $2R+\alpha$라 놓자. 그리고 각 A는 다른 각들보다 크지 않다고 하자.

BC의 중점 H를 잡아라. 직선 AH를 긋고, 이것을 길게 늘여서, HD의 길이가 AH의 길이와 같게 되도록 잡아라. 직선 BD를 그어라.

그러면 삼각형 AHC와 삼각형 DHB는 모든 면에서 완전히 똑같다. (1권 법칙 4) 따라서 각 CAH는 각 BDH와 크기가 같으며, 각 ACH는 각 DBH와 크기가 같다.

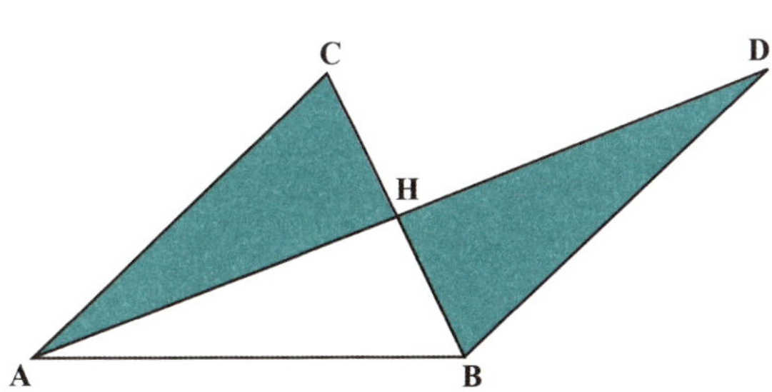

그러므로 삼각형 ABD의 세 각을 더한 것은 원래 삼각형의 세 각을 더한 것과 같다. 즉 $2R+\alpha$가 된다.

그리고 각 DAB, 각 ADB 중의 하나는 각 CAB의 절반보다 더 작거나 같다.

이제 삼각형 ADB를 놓고 또 이런 식으로 만들어 나가면, 세 번째 삼각형의 경우 세 각을 더한 것은 여전히 $2R+\alpha$가 되며, 어느 한 각이 각 CAB의 1/4 이하가 된다.

이런 식으로 계속 만들어 나가라. 그러면 삼각형의 세 각을 더한 것은 $2R+\alpha$가 되며, 어느 한 각의 크기는 각 CAB의 $1/2^n$ 이하가 된다.

n이 충분히 커지면, 이것은 α보다 더 작아진다. 그렇게 되면, 삼각형의 두 각을 더한 것이 직각의 두 배보다 더 커진다. 이것은 모순이다.

그러므로 α는 0보다 작거나 같다.

(기하학 원론 1권의 법칙 16이나, 또는 지금 이 법칙의 증명 과정을 보면, "직선은 그 길이를 얼마든지 길게 늘일 수 있으며, 직선은 자신과 만나지 않는다."고 가정하고 있다. 그러나 리만 가설의 경우 이게 성립하지 않는다.)

II. 삼각형의 세 각을 더한 것이 직각의 두 배보다 더 작다고 하자.

"만약 두 개의 삼각형들을 가지고 새로운 삼각형을 만들면, 두 삼각형들의 '차이'들을 합친 게 새로운 삼각형의 '차이'가 된다."

바꿔 말하면, 원래 삼각형들의 세 각들을 더한 것이 각각 $2R-\alpha$, $2R-\beta$가 된다고 하면, 새로운 삼각형의 세 각들을 더하면

$$(2R-\alpha)+(2R-\beta)-2R = 2R-(\alpha+\beta)$$

가 된다.

III. "어떤 삼각형의 세 각을 더한 것이 직각의 두 배가 된다고 하자. 그러면 그 삼각형의 꼭짓점에서 마주 보는 변으로 직선을 그어서 만든 삼각형들도 모두 그렇다."

삼각형 ABC의 세 각을 더하면 $2R$이 된다고 하자. 만약 삼각형

ABD의 세 각을 더한 것이 $2R-\alpha$라고 하면, 삼각형 ADC의 세 각을 더한 것은 $2R+\alpha$가 되어야 한다. 그러나 이렇게 될 수 없음을 I에서 증명하였다.

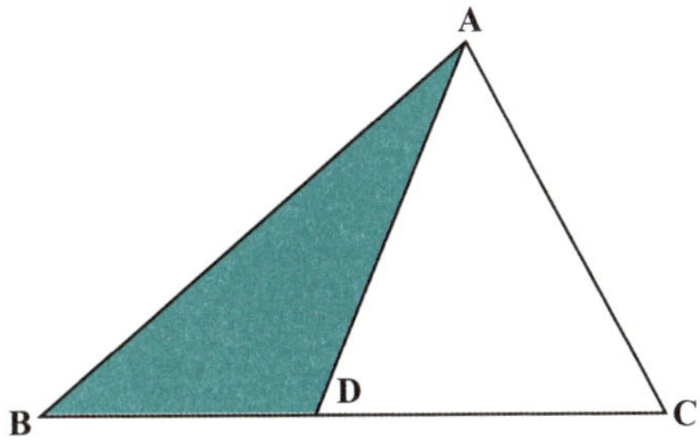

IV. "어떤 삼각형의 세 각을 더한 것이 직각의 두 배가 되면, 네 변의 길이가 같고 네 각이 모두 직각인 정사각형을 얼마든지 크게 만들 수 있다."

어떤 삼각형 ABC의 세 각을 더한 것이 직각의 두 배가 된다고 하자. 우리는 삼각형 ABC가 직각 이등변삼각형이라고 가정해도 된다. 왜냐 하면, 법칙 III에 나온 것처럼, 이 삼각형의 꼭짓점에서 직선을 긋는 일을 통해서, 직각 이등변삼각형을 얻을 수 있기 때문이다.

직각 이등변삼각형 두 개를 빗변을 맞대고 붙이면, 네 변의 길이가 같고 네 각이 모두 직각인 정사각형을 얻게 된다.

이런 정사각형 네 개를 맞붙이면, 원래 정사각형에 비해서 변의 길이가 두 배인 정사각형을 얻게 된다.

이러한 과정을 n번 되풀이하면, 변의 길이가 AB 길이의 2^n 배인 정사각형을 얻게 된다.

이 정사각형의 대각선은 이 정사각형을 두 개의 직각 이등변삼각형으로 쪼개며, 이 삼각형의 세 각을 더하면 직각의 두 배가 된다.

그러므로 세 각을 더하면 직각의 두 배가 되는 삼각형이 단 하나라도 존재하면, 직각 이등변삼각형을 얼마든지 크게 만들어서, 그 변의 길이가 어떠한 주어진 길이보다도 더 크게 되도록 할 수 있으며, 그 직각 이등변삼각형의 세 각을 더하면 직각의 두 배가 된다.

V. "어떤 삼각형의 세 각을 더한 것이 직각의 두 배가 되면, 모든 삼각형은 세 각을 더한 것이 직각의 두 배가 된다."

이 법칙은 직각삼각형에 대해서 증명하기만 하면 된다. 왜냐 하면, 모든 삼각형은 두 개의 직각삼각형으로 쪼갤 수 있기 때문이다.

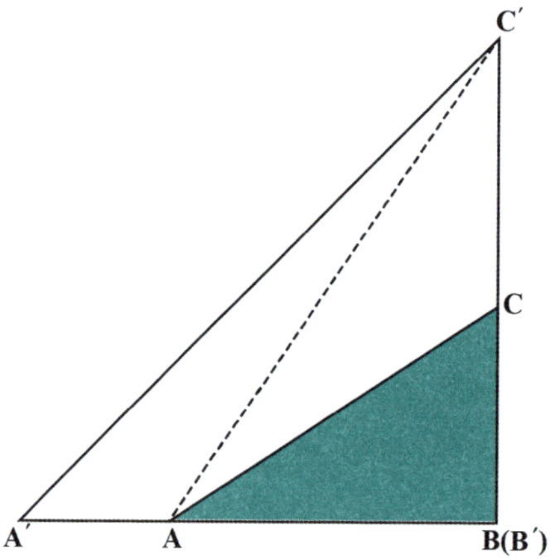

삼각형 ABC가 임의의 직각삼각형이라고 하자.

세 각을 더한 것이 직각의 두 배가 되는 삼각형이 단 하나라도 존재하면, 앞에서 나온 법칙들에 따라서, 삼각형 ABC보다 변들의 길이가 더 긴 직각 이등변삼각형을 만들 수 있다.

그런 직각 이등변삼각형을 A'B'C'로 나타내자. 이것을 그림처럼 삼각형 ABC에다 겹쳐 놓아라.

앞에서 나온 법칙 III을 쓰면, 삼각형 AB'C'의 세 각을 더하면 직각의 두 배가 됨을 이끌어 낼 수 있고, 마찬가지 이유로 삼각형 ABC의 세 각을 더하면 직각의 두 배가 됨을 이끌어 낼 수 있다.

VI. "어떤 삼각형의 세 각을 더한 것이 직각의 두 배보다 더 작으면, 모든 삼각형은 세 각을 더한 것이 직각의 두 배보다 더 작다."

이것은 앞의 법칙으로부터 나온다.

(마지막의 두 법칙들은 사체리의 법칙들 중에 포함되어 있다. 사체

리의 법칙들은 직각의 두 배보다 더 큰 경우도 다루고 있다.)

이제 이 법칙들을 이용해서 유클리드의 공리 5를 공격할 때가 되었다. 그 다음 법칙을 보자.

VII. "어떤 삼각형의 세 각을 더한 것이 직각의 두 배가 되면, 평면에서 어떠한 점과 직선을 주든, 그 점을 지나고 주어진 직선에 평행한 직선은 단 하나만 있다."

이것을 증명하려면 다음 렘마가 필요하다.

렘마 : "어떤 점 P와 직선 r이 있다고 하자. 그러면 아무리 작은 각을 주더라도, 점 P를 지나도록 어떤 직선을 그어서, 그 직선이 주어진 직선 r과 만드는 각이 그보다 더욱 작도록 할 수 있다."

점 P에서 직선 r에 수직이 되도록 직선 PQ를 그어라.

직선 r에서 QR의 길이가 PQ의 길이와 같게 되도록 선분 QR을 잡아라.

직선 PR을 긋고, RR'의 길이가 PR의 길이와 같게 되도록 잡아라. 직선 PR'을 그어라.

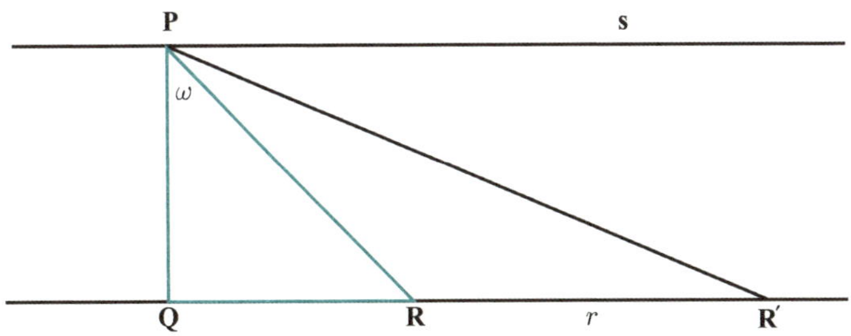

각 QPR과 각 QRP는 크기가 같은데, 이것을 ω로 나타내자. 각 RPR'과 RR'P의 크기도 같으며, 이들의 크기는 $\omega/2$보다 크지 않다.

이런 식으로 계속 만들어 나가라. 이 과정을 n번 되풀이하면, 삼각형 $PR_{n-1}R_n$의 두 각의 크기가 $\omega/2^n$ 이하가 된다.

그러므로 직선 $\mathrm{PR_n}$을 그으면, 이 직선은 점 P를 지나며, 주어진 직선 r과 만나서 만드는 각이 우리가 원하는 만큼 얼마든지 작게 된다.

이제 이 법칙으로 돌아가자.

점 P에서 직선 PQ에 수직이 되도록 직선 s를 그어라.

점 P를 지나는 임의의 직선을 그어서, 그게 직선 r과 만나는 점을 R이라 하면, 그 직선이 직선 r, s와 만나서 만드는 각들은 크기가 같다. 왜냐 하면, 삼각형 PQR의 세 각을 더한 것이 직각의 두 배가 되기 때문이다.

렘마에 따르면, 아무리 작은 각을 주더라도, 점 P를 지나는 직선이 그 각보다 더 작은 각으로 직선 r과 만나게 할 수 있다. 그러므로 점 P를 지나는 직선들 중에 s를 제외한 다른 모든 직선은 r과 만나게 된다. 그러므로 점 P를 지나고 직선 r에 평행한 직선은 직선 s밖에 없다.

공리 5, 또는 이와 동등한 명제를 증명하려는 시도들에 대한 소개는 이 정도로 충분해 보인다. 공리와 관계없이 더욱 발전시킨 이론들은 비유클리드 기하학의 역사에 속하며, 슈바이카르트(Schweikart, 1780 ~ 1857), 토리누스(Taurinus, 1794 ~ 1874), 가우스(Gauss, 1777 ~ 1855), 로바체프스키(Lobachewsky, 1793 ~ 1856), 볼리야(Johann Bolyai, 1802 ~ 1860), 리만(Riemann, 1826 ~ 1866) 등등의 수학자들이 발전시켰다. 그 내용을 지금 여기서 다루지는 않겠다.

관심이 있는 독자들은 보놀라(Bonola)가 쓴 [Questioni riguardanti le matematiche elementari], I의 “Sulla teoria delle parallele e sulle geometrie non-euclidee”를 참조하기 바란다. 나는 이 책의 내용을 상당히 많이 여기에 이용했다. 그리고 역시 보놀라가 쓴 [La geometria non-euclidea](Bologna, 1906), 킬링(Killing)이 쓴 [Einführung in die Grundlagen der Geometrie](Paderborn, 1893), 맨션(P. Mansion)이 쓴 [Premiers principes de métagéométrie], 바바린(P. Barbarin)이 쓴 [La géométrie non-Euclidienne](Paris, 1902), 베로네스가 쓴 [Fondamenti di geometria](1891), 엥겔과 스태켈의 [Die Theorie der Parallellinien von Euklid bis auf Gauss](1895), 그리고 [Urkunden zur Geschichte der nicht-Euklidischen Geometrie], I(로바체프스키, 1899), II(볼프강 볼리야와 요한 볼리야)를 참조하기 바란다.

한 마디만 덧붙이겠는데, 평행선 공리는 절대 증명할 수 없다고 확언한 것은 가우스가 처음이었다. 가우스는 1816년 4월 20일, 그리고 1822년 10월 28일, [Göttingische gelehrte Anzeigen]에 기고한 글에서 자신의 이런 생각을 밝혔다. 그리고 1829년 1월 27일 베셀에게 보낸 편지에서 이걸 단언하였다. 평행선 공리를 증명할 수 없음을 증명한 사람은 벨트라미(1868)와 호우엘(Hoüel)이다. ([Giornale di matematiche], VIII, 1870, "Note sur l'impossibilité de démontrer par une construction plane le principe de la théorie des parallèles dit Postulatum d'Euclide")

공리 5와 동등한 명제들

공리 5와 동등한 것들로서, 이들은 때로는 공식적으로 제기되었고 때로는 묵시적으로 가정하기도 하였다. 중요한 것들을 여기에 열거하겠다.

(1) "한 점을 지나고 주어진 직선에 평행한 직선은 단 하나만 그을 수 있다." 또는 "서로 만나는 두 직선은 어떤 직선에 대해 둘 다 평행할 수 없다."

이것은 보통 플레이페어 공리(Playfair's Axiom)라고 부른다. 그러나 이게 새로운 발견은 아니다. 프로클루스가 기하학 원론 1권 법칙 31에 대해서 설명한 것에 보면 이게 나온다.

(1. 가) "두 평행선이 있다고 하자. 어떤 직선이 그 중 하나와 만나면, 나머지 한 직선과도 만나게 된다." (프로클루스)

(1. 나) "두 직선이 다른 한 직선과 서로 평행하다고 하자. 그러면 그 두 직선도 서로 평행하다."

명제 (1. 가)와 명제 (1. 나)는 명제 (1)과 완전히 동등하다.

(2) "서로간의 거리가 모든 곳에서 똑같은 두 직선이 존재한다." (포시도니우스, 제미누스) 프로클루스가 무언중에 가정한, 평행선들은 모든 곳에서 서로 일정한 거리를 유지한다는 명제와 비교해 보기 바란다.

(3) "세 각을 더한 것이 직각의 두 배가 되는 삼각형이 존재한다." (르장드르)

(4) "어떤 도형을 주었을 때, 그것과 닮은꼴이면서 크기는 우리가 원하는 대로 도형을 만들 수 있다." (왈리스, 카르노, 라플라스) 사실 이렇게 강하게 가정할 필요는 없으며, "크기가 서로 다르면서 닮은꼴인(각들의 크기가 같은) 삼각형이 두 개 존재한다." 고 가정하기만 하면 된다. (사체리)

(5) "직각의 2/3보다 더 작은 각 속에 어떤 점이 놓여 있으면, 그 점을 지나고 각의 양변과 만나도록 직선을 그을 수 있다." (르장드르)

로렌츠(Lorenz)의 공리도 이것과 비슷한데, 비교해 보기 바란다. ([Grundriss der reinen und angewandten Mathematik], 1791) "어떤 각 속에 점이 놓여 있으면, 그 점을 지나는 직선은 각의 변 중 적어도 하나와 반드시 만난다."

(6) "세 점이 한 직선에 놓여 있지 않으면, 그 세 점을 지나는 원이 존재한다." (르장드르, 볼리야)

(7) "아무리 큰 넓이를 주더라도, 그보다 더 큰 넓이를 가지는 직선 삼각형이 존재함을 보일 수 있다면, 기하학 전부를 엄밀하게 증명할 수 있을 텐데…." (가우스가 볼리야에게 보낸 편지, 1799)

이 명제를 앞에서 나온 르장드르의 법칙 IV, 그리고 워피츠키(Worpitzky)의 다음 공리와 비교해 보기 바란다. "모든 각들의 크기가 우리가 원하는 만큼 얼마든지 작은, 그런 삼각형은 존재하지 않는다."

(8) "사각형의 세 각이 모두 직각이면, 나머지 한 각도 직각이다." (클라롯(Clairaut), 1741)

(9) "두 직선이 서로 평행하면, 그들을 잇는 선의 중점에 대해서 그들은 서로 반대 방향에 놓여 있다." (베로네스, [Elementi], 1904)

"두 평행선을 잇는 선분의 중점을 지나는 모든 직선에 대해서, 두 평행선은 그것의 중점이 원래 선분의 중점과 일치하게 되도록 자른다." (잉그라미, [Elementi], 1904)

베로네스와 잉그라미의 공리로부터 플레이페어 공리를 바로 이끌어 낼 수 있다.

clidean
ometry

1권

평면기하

자명한 이치 또는 일반 개념

탄네리(Paul Tannery)는 1884년에 [Bulletin des sciences math. et astron.] 에 발표한 논문 "Sur l'authenticité des axiomes d'Euclide"를 통해서, 여기 나오는 '일반 개념들'은 (맨 앞의 세 개도 포함해서) 유클리드가 쓴 게 아니고 후세 사람들이 덧붙여 놓은 것이라고 주장하였다. 그는 다음 사항들을 주된 논거로 내세웠다.

(1) 만약 유클리드가 증명할 수 없는 원리들을 (가) 논증적인 과학 모두에 공통되는 일반적인 것들, (나) 기하학의 경우에만 해당하는 특별한 것들, 이렇게 둘로 구분하려 하였다면, 공통되는 일반 원리(개념)들을 앞에 내세우고 특별한 원리(공리)들을 뒤에 적는 게 이치에 맞다.

(2) 만약 여기 나오는 '일반 개념들'이 유클리드의 것이라면, 그 용어도 유클리드가 붙였을 것이다. '공리'와 구별하기 위해서 뭔가 '적당한 이름'을 붙일 필요가 있었을 테니까. 예를 들어, 유클리드가 '자명한 이치(axiom)' 등의 이름을 붙였다면, 그 용어가 나중에 가서 오히려 적당치 않은 용어로 바뀐 까닭을 모르겠다. 탄네리에 따르면, 그리스어로 '개념(notion)'이라는 단어는

'법칙'이라는 의미의 개념을 나타내는 게 아니며, 어떤 '사물'에 대한 개념을 나타낸다. 그리고 플라톤과 아리스토텔레스의 저술들에서도 이 단어가 전문적 용어로 등장하는 적이 없다.

(3) 탄네리의 개인적인 관점에 따르면, 여기 나오는 '일반 개념들'은 아폴로니우스의 시대에 완성된 것 같다. [기하학 원론]과 관계가 있는 그의 업적에서 비롯된 것 같다. (프로클루스에 따르면, 아폴로니우스는 여기 나오는 '일반 개념들'을 증명하려고 시도했다.) 탄네리에 따르면, 프로클루스의 인용 속에 '개념'이라는 단어가 들어가 있는 "행운의 우연한 일치" 덕분에, 자신의 이러한 생각이 확인돼 준다. "길 또는 담장에 대해서 길이만을 측정할 것을 명령하는 것을 보면, 우리는 선의 '개념'을 가지고 있다고 아폴로니우스가 말한 것에 대해서, 우리는 동의하는 바이다."

그러나 탄네리의 견해가 꼭 옳다고 볼 수는 없다.

(1) 공리들은 순수하게 기하학에 해당하는 것들이고, '일반 개념들'은 기하학에 한정되지 않고 일반적인 과학에 해당하는 것들이라지만, 이들의 순서를 바꿔 놓으면 더욱 이상하게 될 것이다. 정의와 공리는 밀접한 관계가 있다. 그들 사이에 '일반 개념들'이 놓이면 오히려 이상하게 된다. 예를 들어, 직선이나 원을 정의하였는데, 그렇게 정의를 한 것들이 '실제로 존재함'을 공리에서 주장하고 있으니, 그 중간에 '일반 개념들'이 끼어드는 것은 어색한 일이다.

(2) 플라톤과 아리스토텔레스가 일반적으로 '개념'이라는 단어를 '사물'에 대한 개념으로 사용하였고, 어떤 '사실' 또는 법칙의 개념으로 사용하지 않았음은 맞는 말이다. 그러나 아리스토텔

레스가 사실의 개념으로 이 단어를 사용한 일도 있다. 예를 들어, [니코마쿠스 윤리학]에서 그는 "친구들이 동정한다는 개념은"이라고 말하고 있으며, "그 친구들은 그의 행운에 즐거워한다는 개념"이라는 말도 등장한다.

플라톤과 아리스토텔레스가 이 단어를 전문적 용어로서 사용하지 않았음은 사실이다. 그렇지만 아리스토텔레스의 시대에는 오늘날 우리들이 "자명한 이치(axiom)"라 부르는 것을 나타내는 전문 용어도 없었다. 그래서 그는 "수학에서의 이른바 이치들," "이른바 일반 이치들," "일반적인 (것들)," 심지어 "일반 견해들"이라는 표현도 사용하였다. 그러니 유클리드가 "일반 개념"을 전문 용어로 사용하였다 하더라도, 전혀 이상할 게 없다. "일반 견해"보다는 훨씬 더 나은 것 같다.

(3) 프로클루스가 아폴로니우스를 인용한 속에 "개념"이라는 단어가 등장하여서, 탄네리의 관점을 지지해 주는 행운의 우연한 일치는, 내가 보기에 오히려 불행한 우연의 일치이다. 거기에서 '사물'(이 경우 선)의 개념이라는 옛날의 의미로 사용되었기 때문이다.

프로클루스의 해설은 일반적으로 '자명한 이치(Axioms)'라는 용어를 사용하고 있으니, 유클리드 본인이 '일반 개념(Common Notions)'이라는 용어를 사용하였음을 확신하기가 어려운 것은 사실이다. 그렇지만 프로클루스조차 '자명한 이치'라는 단어의 의미를 설명한 다음, 이것이 처음에는 스토아 학파가, 그 다음에는 "아리스토텔레스와 기하학자들이" 사용하였다고 말하고 나서, "그들(아리스토텔레스 및 기하학자들)의 관점으로는 '자명한 이치'와 '일반 개념'은 매한가지이다."라고 말하고 있다.

내가 보기에, 이것은 그 이전의 내용들에서 "자명한 이치"라는 용어만을 사용한 것에 대해서 해명 내지 사과를 하는 것 같다. 프로클루스가 문득 생각해 보니, 아리스토텔레스와 기하학자들이 "자명한 이치"라는 한 가지 용어를 사용하고 있다고 기술해 왔는데, 아리스토텔레스는 "자명한 이치"라는 용어를 사용한 것이 사실이지만, '기하학자들'은 (사실, 유클리드는) 같은 의미를 뜻할 때 "일반 개념"이라 부르고 있는 것이다.

또 다른 부분의 다음 문구도 같은 맥락으로 파악할 수 있다. "자명한 이치"란 공리 그리고 가설과 다르다는 아리스토텔레스의 관점을 인용한 다음, 프로클루스는 "그것은 '일반 개념'의 공헌이 아니다. 배우지 않았다 하더라도, 우리는 원이 이러저러한 도형이라고 파악하고 나아간다." 방금 인용해 놓은 두 문구들에 대한 나의 관점이 옳다면, '일반 개념'이 유클리드 본인의 용어라는 것을 약화시키는 게 아니라 오히려 강화시켜 주는 증거물이다.

아리스토텔레스가 "수학에서의 일반적인 이치들"을 언급한 것을 보면, 여기 나오는 개념들 중에 최소한 몇 개는 그 시대의 수학 교과서에 등장하고 있음이 명백하다. 예를 들어, 아리스토텔레스는 "서로 같은 것들에서 서로 같은 것들을 빼면, 그 결과도 서로 같다."는 명제를 자주 인용하였다. 이것은 유클리드의 '일반 개념 3'이다. 그러니 '일반 개념들' 중 앞의 세 가지는, 그 이전의 교과서로부터 유클리드가 받아들인 게 확실하다.

더군다나 아폴로니우스는 이 '일반 개념들'을 증명하려고 시도하고 있다. 그것들을 아폴로니우스 이전에 누군가가 (예를 들어, 유클리드가) 도입해 놓지 않았다면, 그것들은 그 시점에서 (증명이 필요한) 법칙들이라기보다 (증명할 필요가 없는) 공리들로서 추가되었을 것이다. 그러니 아폴로니우스가 그것들을 증명하려고 시도한 것은 매우 이상한 일이다. 아폴로니우스가 취한 태도를 보면, 그 당시 [기하학 원론]에 이미 등장하고 있는 자명한 이치들을 공략하고 있다고 보는 것이 타당하다.

프로클루스는 여기에 나오는 다섯 개의 '일반 개념들'을 인정하였다. 그는 이것들을 쓸데없이 더 늘리거나 또는 무리하게 줄이지 말라고 경고하였다. "헤론은 세 개만 나열하였다. 그러나 전체는 부분보다 더 크다는 것도 자명한 이치이다. 서로 일치하는 것들은 서로 같다는 명제도 마찬가지이다. 기하학자들은 증명을 할 때 이 명제들을 흔히 사용한다." 그러니 헤론은 맨 앞의 세 가지 '일반 개념들'만 인정하였던 것이다. 이 사실과, 아리스토텔레스가 "일반적인 이치들"을 (복수형으로) 언급한 것과, 아리스토텔레스가 특히 '일반 개념 3'을 언급한 것을 보면, 적어도 맨 앞의 세 가지 '일반 개념들'은 유클리드가 쓴 기하학 원론에 포함되어 있었던 것 같다.

일반 개념 1 어떤 것 둘이 어떤 것과 서로 같다면, 그 둘도 서로 같다.

해설 자명한 이치란 저절로 명백한 것이며, 그것은 증명하는 게 불가능하다고 아리스토텔레스는 강조하였다. 그것을 증명하려고 노력하는 자가 있다면, 무식해서 그러는 것이다. 아폴로니우스가 자명한 이치들을 증명하려고 노력한 것을 프로클루스는 나무랐는데, 아리스토텔레스는 프로클루스의 의견에 동의할 것임이 확실이다. 아폴로니우스가 그것들을 증명하려고 시도한 예로서, 여기 있는 '일반 개념 1'을 증명하려 한 것을 프로클루스가 소개해 놓았다.

"A와 B가 같고, B와 C가 같다고 하자. 그러면 A와 C가 같음을 보이겠다. A와 B가 같으니, A는 B와 똑같은 공간을 차지한다. 그리고 B와 C가 같으니, B는 C와 똑같은 공간을 차지한다. 그러므로 A는 C와 똑같은 공간을 차지한다."

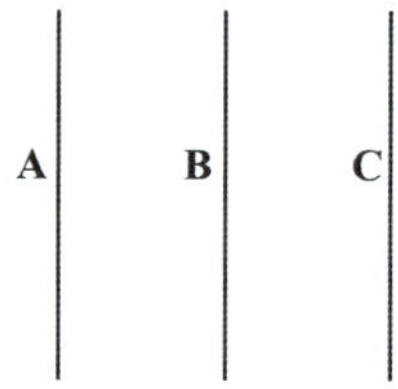

프로클루스는 이것을 놓고서, "중개념이 결론에 비해서 더 알기 어렵다. 그게 실제로 논쟁의 여지가 더 적다 하더라도 말이다."라고 비판하였는데, 맞는 말이다.

이 증명은 두 가지를 가정하고 있다.

(1) 똑같은 공간을 차지하는 것들은 서로 같다.

(2) 어느 한 물체와 똑같은 공간을 차지하는 것들은, 서로 똑같은 공간을 차지한다.

명백한 것을 설명하기 위해서, 더욱 알기 어려운 것을 동원하고 있다. 공간이라는 개념은 그 공간에 있는 것들보다 더 알기 어려운 것이다.

아리스토텔레스라면 아마 이 증명이 특별한 것들만 다루기 때문에 일반적이지 않다고 나무랐을 것이다. 이 증명은 공간을 차지하는 물체들에만 해당하기 때문이다. 반면에 원래 이 명제는 수, 속력, 시간 등등의 경우에도 성립하는 개념이다. 이것들은 물론 그들을 다루는 과학 속에서 그들 사이의 관계로서만 이 명제를 사용하게 된다.

일반 개념 2 서로 같은 것들에다 서로 같은 것들을 더하면, 그 결과도 서로 같다.

일반 개념 3 서로 같은 것들에서 서로 같은 것들을 빼면, 그 결과도 서로 같다.

해설 일반 개념 2, 3은 유클리드가 쓴 기하학 원론에 들어있다고 헤론과 프로클루스가 인정하고 있다. 아리스토텔레스는 후자의 명제를 매우 즐겨 사용하였다.

기하학 원론의 판본들에 따라서, 일반 개념 1, 2, 3과 비슷한 유형의 다음 네 가지 명제들이 등장하기도 한다. 하이베르그는 이들 중 셋을 괄호로 묶어서 제시하였으며, 마지막 것은 아예 빠트렸다.

그 셋은 다음과 같다.

(가) "서로 다른 것들에다 서로 같은 것들을 더하면, 그 결과는 서로 다르다."

(나) "어떤 것 둘이 어떤 것의 두 배라면, 그 둘은 서로 같다."

(다) "어떤 것 둘이 어떤 것의 절반이라면, 그 둘은 서로 같다."

네 번째 것은 (가)와 (나) 사이에 놓이기도 하는데, 다음과 같다.

(라) "서로 다른 것들에서 서로 같은 것들을 빼면, 그 결과는 서로 다르다."

프로클루스는 자명한 이치들을 쓸데없이 더 늘리면 안 되니까, 그가 인정한 다섯 개를 제외한 나머지는 모두 없애야 한다고 주장하였다. 내가 여기서 (나)로 나타낸 명제에 대해서, 프로클루스는 이게 '일반 개념 1'로부터 나오니 없애야 한다고 주장하였다. 프로클루스는 (가), (다), (라)에 대해서는 언급하지 않았다. 안나이리치는 (가), (라), (나), (다)의 순서로 써 놓았으며, 심플리치우스가 말한 "옛날 책에는 자명한 이치가 세 개만 있었는데, 최근에 와서 그 개수가 늘었다."는 말을 덧붙여 놓았다.

(가)는 아마 책망을 피하기 어려울 것 같다. "서로 다른"이 어떤 방식으로 서로 다른지 알려주는 게 없기 때문이다. 예를 들어, 1권 법칙 17을 보면, 같은 크기의 각을 더 큰 각과 더 작은 각에 더하고, 전자의 결과가 후자의 결과보다 더 큼을 유추하고 있다. 그러나 우리가 여기 있는 명제 (가)만을 생각하면, 같은 크기의 것을 더 큰 것과 더

작은 것에 더했을 때, 그 결과 전자가 더 작고 후자가 더 크게 되더라도 명제 (가)와 어긋나는 게 아니다. 그러니 이 명제를 제시하려면, 이것을 둘로 나누어서 제시해야 한다.

하이베르그는 아마 이 명제가 파푸스 시대 사람들에게서 나왔을 거라고 추측하였다. 파푸스는 서로 같은 것들을 서로 다른 것들에다 더하는 경우에 관한 명제를 갖고 있었다. 뒤에 나오는 (마)를 보기 바란다. 만약 그렇다면, 파푸스가 언급한 것들을 누군가가 잘못 적었을 것이다. 파푸스의 명제 (마)는 쓸모가 있지만, (가)는 아무런 쓸모가 없다.

탄네리는 명제 (나)에 대해서 다음과 같이 주장했다. (나는 탄네리의 주장에 동의하는 바이다.) 우리는 이것을 버려야 한다. 그러나 우리가 이것을 버린다고 해서, 1권 법칙 47에 나오는 "그런데 같은 것들의 두 배는 서로 같다."는 말마저 다른 사람이 덧붙인 것이라 추론하고 버려야 할 까닭은 없다. 사실 이 명제는 1권 법칙 42에서 '묵시적으로' 사용되고 있다. 만약 이 말을 후대 사람들이 덧붙여 놓았다면, 1권 법칙 42에도 덧붙여 놓았을 것이다.

내 생각으로는, 유클리드가 이 명제를 한 곳에서는 묵시적으로 사용했다가, 한 곳에서는 명기하고 사용했을 수도 있다. 그렇다고 해서 그가 이 명제를 자신의 '일반 개념'에 들어 있는 것을 인용했다는 뜻은 아니며, 그가 이 명제를 자신의 '일반 개념'에 넣지 않았다는 뜻도 아니다.

명제 (나)가 후세 사람들이 덧붙인 것이라면, 같은 것들의 절반에 관한 명제 (다)도 당연히 그럴 것이다. 프로클루스는 이 명제를 언급하지 않고 있다.

탄네리는 다음과 같이 날카롭게 관찰하였다. 하이베르그는 1권 법칙 37, 38에서 "같은 것들의 절반은 서로 같다."는 말을 괄호로 묶어 놓고, 명제 (다)는 후세 사람들이 (테온 시대 이전이겠지만) 덧붙인 것이며, 유클리드는 '일반 개념 3'을 사용하여서 이것을 추론하였다고 말했지만, 이 말은 하이베르그가 착각을 한 것이다.

명제 (나)는 '일반 개념 2'로부터 쉽게 이끌어 낼 수 있지만, 명제 (다)는 '일반 개념 3'으로부터 그런 식으로 이끌어 낼 수 있는 게 아니다. 탄네리에 따르면, 명제 (다)를 증명하려면, 명제 (나)를 사용하여서, '부인하면 모순이 생김'을 이용하여 보여야 한다. 그러니 결국 '일반 개념 2'로부터 나온다는 말이다. 그런데 '부인하면 모순이 생김'을 이용하면, 한 절반이 다른 절반보다 더 크다는 게 나오며, 반면에 명제 (나)나 '일반 개념 2'는 서로 똑같은 경우들만 언급하고 있으니, '일반 개념 2'에 덧붙여 약간의 다른 논리들이 필요하다.

내가 생각하기에, 유클리드는 명제 (다)를 증명하기 위해서 이런 과정을 밟았을 것 같지는 않다. 명제 (나)와 마찬가지로, 명백하다고 그냥 받아들였을 것 같다.

이와 비슷한 것들로서, 파푸스가 제시한 명제가 두 개 있는데, 프로클루스는 이것들을 버려야 한다고 분명히 말한다. 이것들은 원래부터 있던 자명한 이치들로부터 이끌어 낼 수 있기 때문이다. 대부분의 기하학 원론 판본들은 이것들을 빼놓고 있다. 그러나 파푸스는 이것들이 다른 명제들과 더불어 있었다고 주장한다.

(마) "서로 같은 것들에다 서로 다른 것들을 더하면, 그 결과의 차이는 더한 것들의 차이와 같다."

(바) "서로 다른 것들에다 서로 같은 것들을 더하면, 그 결과의 차이는 원래 것들의 차이와 같다."

프로클루스와 심플리치우스는 (안나이리치의 책에 보면) 이 명제들

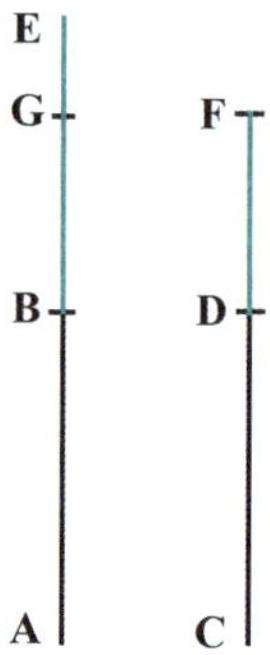

을 증명해 놓았다. 심플리치우스가 명제 (마)를 증명한 것을 보면 다음과 같다.

AB, CD가 서로 같다고 하자. 그리고 이들에다 EB, FD를 더하는데, EB가 FD보다 더 크다고 하자.

그러면 AE가 CF보다 더 큰 정도는, BE가 DF보다 더 큰 정도와 같음을 보이겠다.

BE에서 DF와 크기가 같도록 BG를 잘라 내라.

그러면 AE가 AG보다 더 큰 정도는 GE이며, AG는 CF와 크기가 같고, BG는 DF와 크기가 같으니, AE가 CF보다 더 큰 정도는 BE가 DF보다 더 큰 정도와 같다.

일반 개념 4 서로 일치하는 것들은 서로 같다.

해설 여기서 서로 일치한다는 말은, 기하학적인 용어로서, 한 도형을 옮겨서 다른 도형에다 겹쳐 놓았을 때, 서로 포개져 일치한다는 뜻이다.

탄네리는 '일반 개념 4'에 대해서, 이것은 그 성격이 기하학적임이 논쟁의 여지가 없으니, '일반 개념들'에서 제외해야 마땅하다고 주장하였다. 그건 그렇다 치고, 이 명제의 역이 왜 덩달아 나와 있지 않는지가 정말 이상하다. 최소한 직선이나 각에 대해서는 나와 있어야 마땅하다. 유클리드는 1권 법칙 4에서 이 명제의 역을 사용하고 있잖은가. 탄네리에 따르면, 지금 여기에 있는 것은 기하학적인 양의 일치(동일함)에 대한 정의이며, 이 정의로 충분할 수도 있고, 또는 불충분할 수도 있다. 그러나 이게 진짜 자명한 이치는 아니다.

헤론은 자명한 이치를 세 개만 제시하였고, 프로클루스는 그것을 놓고 자명한 이치의 개수를 멋대로 줄이지 말라고 경고했으니, 프로클루스는 '일반 개념 4'를 자명한 이치로서 정당한 자격이 있다고 인정한 것 같다. 이 문제는 확실하게 결론을 내릴 수는 없지만, 유클리드는 자신이 앞으로 사용할 모든 자명한 이치들, 다른 것들로부터 유도해 낼 수 없는 모든 것들을 책의 맨 앞부분에서 분명하게 나열했을 것이라고 가정해 보면, 이 명제는 존재할 자격이 있는 것 같다.

그런데 1권 법칙 4를 보면, 이 '일반 개념 4'를 구체적으로 인용하지 않았다. 유클리드는 다만 "밑변 BC와 밑변 EF는 일치한다. 즉 길이가 같다."고 추론해 놓았을 뿐이다. 그러므로 이 명제는 그 법칙에 나오는 "밑변 BC가 밑변 EF와 일치하지 않는다면, 두 직선이 어떤 도형을 감싸게 된다. 이것은 불가능하다."라는 말과 비슷한 입장에 놓인다. 유클리드가 "두 직선은 어떤 도형을 감싸지 않는다."는 자명한 이치를 가졌음을 인정하지 않으면, '일반 개념 4'도 마찬가지로 인정하기가 어렵다. 그러니 내가 보기에는, '일반 개념 4'는 후세 사람들이 덧붙인 것일 가능성이 크다.

여기에 나오는 일반 개념 4는, 두 도형이 서로 똑같음을 보이는 방법으로서 도형을 옮겨서 대응하는 부분들이 서로 겹치게 됨을 보이면 충분함을 주장하고 있다. 바꿔 말하면, '합동의 법칙' 역할을 하고 있다.

1권 법칙 4와 법칙 8의 증명 방법을 보면, 유클리드는 실제로 도형을 "움직여서" 다른 도형에다 "포개 놓음"을 생각했음이 의심할 여지가 없다. 법칙 4를 보면 다음과 같이 되어 있다. "삼각형 ABC를 옮겨서 삼각형 DEF에다 포개 놓아라. 점 A를 점 D에다 포개 놓고, 변 AB를 변 DE에다 포개 놓아라. 그러면 점 B와 점 E는 일치하게 된다. 왜냐 하면 AB와 DE는 길이가 같기 때문이다." 그리고 1권 법칙 8을 보면 다음과 같이 되어 있다. "두 변 BA, AC가 ED, DF와 일치하지 않고 달리 놓인다면"

그런데 유클리드는 이 방법을 싫어하였으며, 될 수 있는 한 피하려

한 게 분명해 보인다. 예를 들어, 1권 법칙 26에서, 두 삼각형이 두 각들의 크기가 각각 같고 대응하는 변의 길이가 같으면 두 삼각형이 서로 똑같음을 증명하는데, 그 증명 과정을 보면 이것을 알 수 있다.

이러한 증명 방법은 아마 옛날부터 전해 내려온 것 같다. (탈레스는 원의 지름이 원을 두 개의 똑같은 부분으로 쪼갬을 증명했는데, 그 둘을 서로 겹치는 방법 이외의 방법으로 증명했다고 보기는 어렵다.) 유클리드는 이 방법을 따라서 쓴 경우가 몇 번 있지만, 그건 달리 마땅한 방법이 없었던 경우들이다.

그러나 [기하학 원론]의 내용들 중 상당한 부분은 1권 법칙 4에 직접, 간접으로 의존하고 있으니, 이 증명 방법의 중요성을 [기하학 원론]에서 무시할 수 없다. 근본이 되며, 아주 중요하다. 그리고 옛날의 기하학자들이 이 방법의 적법성을 의심한 경우는 조금도 없다. 아르키메데스는 회전 타원체의 중점을 지나는 평면은 그 타원체를 두 개의 똑같은 부분으로 (넓이로든, 부피로든) 쪼갬을 증명했는데, 이 방법을 써서 증명하였다. 아르키메데스는 또한 [평면들의 평형] 제 1권에서 “서로 닮은꼴이며 똑같은 평면도형을 일치하도록 포개 놓으면, 그들의 무게중심도 서로 일치하게 된다.”라는 공리를 채택하였다.

킬링은 그리스 기하학자들과 철학자들의 태도를 대조해 놓았다. ([Einführung in die Grundlagen der Geometrie], II) 그에 따르면, 그리스 철학자들은 기하학에서 움직임을 완전히 없애 버린 것 같다. 그는 이 관점을 주장하기 위해서, 아리스토텔레스가 수학이란 움직이지 않는 물체들을 다루는 학문이며, 천문학을 수학의 한 분야로 인정하는 경우에만 움직임이 수학의 소재가 될 수 있다고 흔히 말한 것을 인용했다.

아리스토텔레스가 쓴 [형이상학]을 보면 다음 말들이 나온다. “수학에서 다루는 물체들은 움직임과 거리가 멀다. 그렇지만 천문학과 관계가 있는 경우는 예외이다." "물리학은 운동 법칙을 지니고 있는 물체들을 다룬다. 반면에 수학은 이론과학이며, 가만히 있고 떼어 낼 수 없는 것들을 다룬다." 그는 또한 [자연학]에서 "수학은 이론상 운동과 별개인" 소재들을 다룬다고 말하였다.

그러나 아리스토텔레스가 수학에 대해서 "움직이지 않는" 또는 "운동이 없는"이라는 표현을 쓸 때, 그게 실제로 킬링이 말한 그런 의미로 썼는지는 약간 의심스럽다. 수학 개념이란 실제 어떤 사물들을 추상화하여 얻게 된다. 그러니까 그 물체를 없앤다고 생각하여 얻게 되는 것이다.

아리스토텔레스에 따르면, 우리는 그 물체의 속성들, 이를테면 양의 변화라든가 움직임을 제거하는 것이다. 내가 보기에, 여기 나오는 "움직이지 않는다"는 말은 다만 이것을 뜻할 뿐이다. 기하학 도형을 한 위치에서 다른 위치로 '옮기는' 게 적법하지 않다고 아리스토텔레스가 말했을 것 같지는 않다.

아리스토텔레스가 쓴 [천체론]을 보면, "평면들을 서로 붙여서 근원이 있는 모든 물체들을 만들고, 그것을 다시 평면으로 분해하는 사람들"을 비판하는 말이 나오는데, 그 대목을 보면 알 수 있다. 여기 인용한 말은 플라톤이 쓴 [티마에우스]를 지적하고 있음이 확실하다. 거기에 보면, 플라톤은 네 개의 원소들을 다음과 같이 만든다.

우선 세 각의 크기가 각각 30도, 60도, 90도인 직각삼각형을 만들어라. 이것들 여섯 개를 붙여서 정삼각형을 만들 수 있다. 정삼각형 (가) 세 개, (나) 네 개, (다) 다섯 개를 가지고 입체각을 만들어라. 그리고 이 입체각들을 적당한 개수 모아서, 즉 (가)의 경우 네 개, (나)의 경우 여섯 개, (다)의 경우 열두 개를 모아서 붙이면 정다면체가 된다. (가)는 정사면체, (나)는 정팔면체, (다)는 정이십면체가 된다. 그리고 네 번째 원소(흙)를 위해서, 네 개의 직각 이등변삼각형을 붙여서 정사각형을 만들고, 이 정사각형을 여섯 개 붙여서 정육면체를 만들어라.

아리스토텔레스는 다음과 같이 말했다. "평면과 평면이 서로 만나는 부분은 '선'이 될 수밖에 없는 것은 아니다. 우리는 선과 선을 두 가지 방향으로 놓을 수 있다. 길이로 놓거나, 폭으로 놓을 수 있다. 평면과 평면의 경우도 마찬가지이다. 선을 선에다 '더해' 놓는 것이 아니라, '겹쳐' 놓을 수 있다." 여기서 암시하는 것은, 평면과 평면도 '겹쳐' 놓을 수 있다는 것이다. 이건 바로 지금 우리가 문제 삼고 있는 움직임이다.

아리스토텔레스는 이런 움직임을 부인하는 것은 고사하고, 플라톤이 이것을 사용하지 않았다고 나무라는 것 같다. 아리스토텔레스가 쓴 [자연학]에 보면, "나선형이나 또는 다른 어떤 것이 있어서, 한 부분이 다른 부분과 일치하지 않는"이라는 말이 나오는데, 여기서도 겹쳐 놓는 것을 상상하였음이 명백하다.

모양이 바뀌지 않으면서 움직임

기하학을 하기 위해서는, 어떤 물체들이 실제로 존재하여서, 그들이 모양이 바뀌지 않으면서 자유롭게 움직일 수 있어야 한다고 헬름홀츠(Helmholtz)는 주장하였다. 즉 기하학은 움직임에 의존한다고 간주한 것이다.

베로네스는 이런 생각이 잘못임을 폭로하였다. ([Fondamenti di geometria]) 베로네스의 논리는 다음과 같다. 기하학이란 빈 공간에 대한 학문이며, 빈 공간은 움직이지 않는다. 그러니 빈 공간의 정의나 그 성질을 증명하기 위해서, 실제 물체들의 움직임에 의존해야 한다는 것은 약간 이상하다.

우리는 움직임 본래의 직관적인 원리와, '모양의 변형 없이 움직임'을 구별할 줄 알아야 한다. 어떤 도형이 움직이면, 그 도형의 점들은 공간의 다른 점으로 이동한다. '모양의 변형 없이' 움직인다는 말은, 그 도형에 있는 점들의 상대적인 위치 관계가 바뀌지 않는다는 의미이다. 그러나 그 점들과 다른 어떤 도형들과의 위치 관계는 바뀐다. (만약 그게 바뀌지 않으면, 그 도형은 아예 움직이지 않은 것이다.)

어떤 도형 A가 A_1의 위치에 있다가 A_2의 위치로 움직였는데, A의 점들의 상대적인 위치 관계가 A_1에 있다가 A_2로 옮겼더라도 바뀌지 않았으며, A_1에서 움직이지 않고 가만히 있는 것이나 다름없다고 말할 때, 이 말이 무슨 의미인지 생각해 보자. 이 말이 의미하는 것은 단지, 그 도형(또는 물리적인 성질들을 제거했을 때 그 물체)이 움직이는 것을 보고 우리가 받은 인상이, 그 도형이 처음 위치에 있었을 때나 나중 위치에 놓였을 때나(시간이 서로 다르다.), 우리에게 같은 인상을 준다는 것뿐이다.

사실, 우리는 별개의 두 도형들이 서로 '같다'는 개념을 이용하고 있다. 그러므로 두 도형이 있는데, 한 도형의 '모양을 바꾸지 않으면서' 그것을 옮겨서 다른 도형에 겹쳐 놓을 수 있으면, 그 둘은 서로 같다(합동이다)고 말하는 것은, 실은 순환논리에 빠진 것이다. 공간들이 서로 같다는 개념이, 물체들의 모양이 변형되지 않은 채 움직인다는 개념보다 먼저이다.

헬름홀츠는 자신의 관점을 지지하기 위해서, 실제로 어떤 것들의 길이를 재기 위해서는, 그 재는 자(척도)가 모양이 바뀌지 않아야 함을 지적했다. 그러나 재는 단위로 쓸 수 있도록 모양이 바뀌지 않는 물체가 존재하는지 여부, 그리고 두 공간이 서로 같음을 어떻게 확인하느냐 하는 문제는, 기하학과 아무런 상관이 없다. 도형의 모양이 바뀌지 않도록 옮겨서 서로 포개지도록 해서 합동임을 증명하는 방법은 '실용' 문제일 뿐, 기하학 '이론'과는 아무런 상관이 없다.

쇼펜하우어(Schopenhauer)가 다음과 같이 날카롭게 비판한 것과 비교해 보기 바란다. ([Die Welt als Wille]) 이것은 헬름홀츠의 이론이 나오기에 앞서 이미 비판해 놓은 셈이 된다. "열한 번째 공리(평행선 공리)는 그렇게 공격하면서, 여덟 번째 공리는 공격하지 않다니, 아주 이상한 일이다. '서로 일치하는 것들은 서로 같다.' 여기서 서로 일치한다는 말은 동어 반복이거나, 또는 완전히 실험에 근거를 둔 말이라서, 순수한 직관과 거리가 멀며, 외부의 감각적인 경험과 관계가 있다. 이것은 도형이 움직일 수 있음을 가정하고 있다. 그러나 공간에서 움직일 수 있는 것은 물체일 뿐, 그 이외에는 아무것도 없다. 그러니 이것은 기하학의 유일한 구성원인 순수 공간에서 벗어나 있으며, 물질적이고 실험적인 것에 의존하고 있다."

러셀(Bertrand Russell)은 다음과 같이 관찰하고 있다. ([Encyclopaedia Britannica], 1902, '비유클리드 기하학' 항목) 여기서는 움직임을 쓰고 있음이 명백한데, 이건 속임수이다. 기하학에서 움직임이라는 말은, 우리가 어느 한 도형을 보다가 다른 도형을 보느라 시선을 옮긴 것을 뜻할 뿐이다. 유클리드는 실제로 겹쳐 놓는다고 말을 했지만, 이건 필요 없다. 필요한 것은, 원래 도형을 보다가 새로운 도형을 보기 위해서 시선을 옮기는 것이며, 새로운 도형은 그 구성 성분 몇 개의 위치와 그게 원래 도형과 공유하는 성질들에 의해서 정의된다.

두 도형이 이론상으로 서로 같음을 정의하는 수단으로, 도형을 옮겨서 포개 놓는 방법을 채택하지 않는다면, 뭔가 다른 방법을 써서 서로 같음을 정의해야 한다. 이런 방법은, 어떤 물체를 써서 도형을 나타내고, 그들을 겹쳐 보는 '경험적'이고 '실제적'인 관찰을 바탕으로 나와야 한다. 베로네스와 잉그라미는 그렇게 했다. ([Elementi di geometria], 1904) 잉그라미의 말을 들어 보자.

"종이를 접은 다음, 그 위에다 삼각형을 그리고 잘라 내라. 그러면 서로 '포개진' 두 개의 삼각형이 생기며, 우리는 이 두 삼각형이 서로 '같다(합동이다)'고 말한다. 어느 한 삼각형의 점들에다 A, B, C, D, … 라고 표시를 했다고 하자. 이 삼각형을 다른 삼각형에다 포개 놓아서 둘이 일치하도록 하면, 첫째 삼각형의 '각각의' 점들이 둘째 삼각형의 그에 대응하는 각각의 점들에 포개져서, 첫째 삼각형에서 선분 AB, AC, AD, BC, BD, CD, … 를 잡으면, 이들은 각각 둘째 삼각형의 그에 대응하는 (같은 개수의) 선분들에 포개지게 된다. 이 선분들은 각각 서로 길이가 같다. 그러므로 우리는 다음과 같이 정의할 수 있다."

같음(합동)의 정의

"두 개의 도형이 있어서, 한 도형의 모든 점들이 다른 도형의 모든 점들과 일대일로 대응하고(즉 한 도형의 각각의 점들이 다른 도형의 점들과 하나씩 하나씩 짝이 맞고), 한 도형의 두 점을 잇는 선분은 다른 도형의 그에 대응하는 두 점을 잇는 선분과 길이가 같을 때, 우리는 두 도형이 서로 '같다(합동이다)'고 말한다."

잉그라미도 '선분들의 길이가 같다(합동이다)'는 용어의 중요성에 대해서 이미 고민한 바 있으며, 한 선분의 위에다 다른 선분을 겹쳐 놓거나, 또는 제 삼의 움직일 수 있는 선분을 (예를 들어, '자'를 생각하자.) 사용하여 이 선분들에다 일치하도록 차례차례 겹쳐 봄으로

써 이에 대한 '실제적인' 개념을 얻게 된다.

새로운 합동 공리 체계들

보놀라가 쓴 [Questioni riguardanti le matematiche elementari], I에 실린 네 번째 항목을 보면, 세 가지 서로 다른 체계들에 대해서 다루어 놓았다. (1) [Vorlesungen über neuere Geometrie]에 있는 파쉬의 체계, (2) [Fondamenti di geometria] 그리고 [Elementi]에 따른 베로네스의 체계, (3) 힐베르트의 체계. ([Grundlagen der Geometrie])

이 세 체계들은, 세 명의 저자들이 합동의 근본 개념이라고 채택한 것들이 다르다.

(1) 파쉬는 "유한한 개수의 점들만으로 구성된 도형들 사이의 합동 개념"을 근본으로 여기고 있다. '선분들'이나 '각들' 사이의 합동의 정의는 이것으로부터 이끌어 내는데, 그 방법은 앞에서 언급한 보놀라의 책, 그 항목에 등장한다. 이제 [기하학 원론] 1권 법칙 4는 이들로부터 바로 나오며, 1권 법칙 7, 8과 비슷한 방법을 사용하여서 1권 법칙 26과 1권 법칙 8을 이끌어 낸다.

(2) 베로네스는 '선분들' 사이의 합동 개념을 근본 개념으로 채택하고 있다. '각들' 사이의 합동, 그리고 '삼각형들' 사이의 합동 개념은 다음 공리를 써서 이끌어 내고 있다.

"AB, AC, 그리고 A'B', A'C'는 두 쌍의 선분들이며, 이들은 각각 점 A, 점 A'에서 만난다고 하자. 그리고 AB, A'B'는 서로 합동이며, AC, A'C'는 서로 합동이라고 하자. 만약 BC, B'C'가 서로 합동이면, 이 '두 쌍의 선분들(두 각들)'은 서로 합동이다."

(3) 힐베르트는 '선분들과 각들' 사이의 합동 개념을 근본 개념으로 채택하고 있다.

앞에서 말한 항목을 보면, 다음과 같이 관찰해 놓았다. 이론상으로는 베로네스의 체계가 파쉬의 체계보다 더 진보한 것이다. '선분들' 사이의 합동 개념은 임의의 '도형들' 사이의 합동 개념보다 간단하기 때문이다. 그러나 실제로 가르치기 위해서는, 베로네스의 공리 체계에서 출발하면 파쉬의 공리 체계에서 출발하는 것에 비해서 이론을 전개해 나가기가 훨씬 더 어렵다.

이들 두 체계에 비해서, 힐베르트의 공리 체계를 택하면 기하학을 가르치기가 훨씬 쉬워진다. 그러니 나는 여기에다 힐베르트의 공리 체계만을 소개해 놓겠다. 이것은 앞에서 말한 항목을 따라서 쓴 것이다.

힐베르트의 공리 체계

힐베르트가 채택한 공리들은 사실상 아래에 나열해 놓은 것들이다.

(1) "첫째 선분이 둘째 선분과 합동이면, 둘째 선분도 첫째 선분과 합동이다."

(2) "첫째 각이 둘째 각과 합동이면, 둘째 각도 첫째 각과 합동이다."

(3) "두 선분들이 셋째 선분과 합동이면, 그 두 선분들은 서로 합동이다."

(4) "두 각들이 셋째 각과 합동이면, 그 두 각들은 서로 합동이다."

(5) "어떠한 선분 AB이든, 선분은 그 방향과 관계없이 자신과 합동이다."

이것은 기호를 써서 다음과 같이 나타낼 수 있다.

$$AB \equiv AB \equiv BA$$

(6) "어떠한 각 (ab) 이든, 각은 그 방향과 관계없이 자신과 합동이다."

이것은 기호를 써서 다음과 같이 나타낼 수 있다.

$$(ab) \equiv (ab) \equiv (ba)$$

(7) "어떤 직선 r에 선분 AB가 놓여 있다고 하자. 다른 어떠한 직선 r'과 거기에서 어떠한 점 A'를 주든, 점 A'에서 시작해 선분 AB와 합동인 선분들이 양쪽으로 단 하나씩 존재한다."

(8) "어떤 각 $(a'b')$를 주었다고 하자. 어떤 평면의 한 점 O에서 반직선 a가 뻗어 나간다고 하자. 그러면 점 O에서 어떤 반직선 b가 뻗어 나가서, b는 그 평면에 놓여 있고, 각 (ab)가 각 $(a'b')$와 합동이 되는 것은 a의 양쪽으로 단 하나씩 존재한다."

(9) "어떤 직선 r에 선분 AB, BC가 이어져 놓여 있고(즉 끝점만 공유하고 있고), 다른 어떤 직선 r'에 선분 A'B', B'C'가 이어져 놓여 있어서, 만약 AB ≡ A'B', BC ≡ B'C' 이면, AC ≡ A'C' 이다."

(10) "어떤 평면 π에 두 각 (ab), (bc)가 이어져 놓여 있고(즉 꼭짓점과 한 변을 공유하고 있고), 다른 어떤 평면 π'에 두 각 $(a'b')$, $(b'c')$가 이어져 놓여 있어서, 만약 $(ab) \equiv (a'b')$, $(bc) \equiv (b'c')$ 이면, $(ac) \equiv (a'c')$ 이다."

(11) "두 삼각형들이 있어서, 두 변들이 두 변들과 각각 합동이고, 그 사이에 낀 각이 합동이면, 그 두 삼각형들은 세 번째 변도 서로 합동이며, 나머지 두 각들도 대응하는 각들과 각각 합동이다."

사실, 힐베르트의 공리 (11)은 세 번째 변에 대해서는 언급하지 않고 있으며, 다만 두 각들이 대응하는 두 각들과 각각 같음을 주장한다. 힐베르트는 '모순을 이끌어 내는' 방법을 사용하여서, 세 번째 변들이 같음을 다음과 같이 증명한다. (그렇게 해서 [기하학 원론] 1권 법칙 4를 완성한 것이다.)

두 삼각형 ABC, A'B'C'가 있는데, 두 변 AB, AC가 두 변 A'B', A'C'와 각각 합동이고, 그 사이에 낀 각 A가 그 사이에 낀 각 A'와 합동이라고 하자.

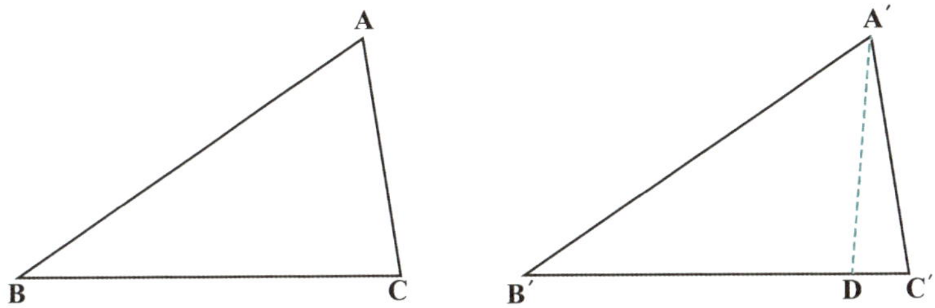

그러면 힐베르트의 공리에 따라서, 각 ABC와 각 A'B'C'는 합동이며, 각 ACB와 각 A'C'B'도 합동이다.

만약에 선분 BC와 선분 B'C'가 길이가 다르다면, B'C'에서 어떤 점 D를 잡아서, BC와 B'D의 길이가 같도록 해라. 그리고 직선 A'D를 그어라.

그러면 두 삼각형 ABC, A'B'D는 두 변의 길이가 각각 같으며 그 사이에 낀 각이 크기가 같다. 그러므로 바로 이 공리에 따라서, 각 BAC와 각 B'A'D는 크기가 같다.

그런데 각 BAC와 각 B'A'C'는 크기가 같다. 그러므로 공리 (4)에 따라서, 각 B'A'C'와 각 B'A'D는 크기가 같다. 그러나 이건 공리 (8)에 어긋나니, 모순이다.

그러므로 선분 BC와 선분 B'C'는 길이가 같아야 한다.

[기하학 원론] 1권 법칙 4를 이렇게 증명하였다. 그러나 내가 생각하기에, 이 법칙은 위의 (11)처럼 공리에 포함시키는 게 좋을 것 같다. 왜냐 하면, 이 공리에 나오는 각의 합동 부분도, 선분의 합동 부분도,

이렇게 도형을 겹친 것을 실제로 관찰한 데에서 비롯되기 때문이다.

이와 비슷한 방법으로, [기하학 원론] 1권 법칙 26을 증명할 수 있다. 이제 힐베르트는 다음을 증명한다.

"각 ABC와 각 A'B'C'가 크기가 같으면, 이들의 보각 CBD와 C'B'D'도 서로 크기가 같다."

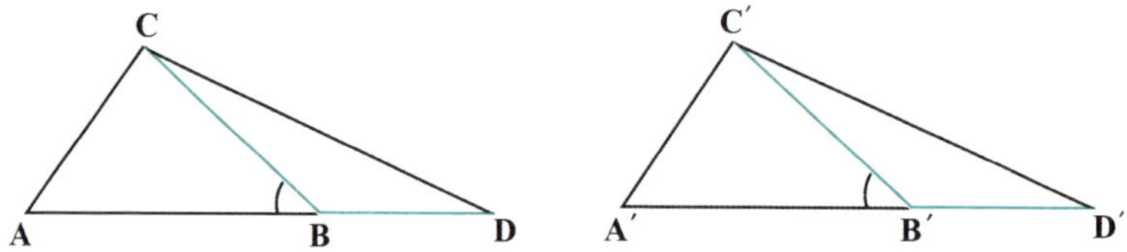

첫 번째 각을 만드는 직선에서 점 A, D를 잡고, 두 번째 각을 만드는 직선에서 점 A', D'를 잡아라. 그리고 각을 만드는 다른 직선에서 점 C, 점 C'를 잡아서, AB와 A'B'는 합동이고, CB와 C'B'는 합동이고, DB와 D'B'는 합동이도록 해라.

삼각형 ABC와 삼각형 A'B'C'는 공리 (11)에 따라서 서로 합동이다. 그리고 AC와 A'C'는 길이가 같으며, 각 CAB와 각 C'A'B'는 크기가 같다.

공리 (9)에 따라서 AD와 A'D'는 길이가 같다. 그러므로 공리 (11)에 따라서 삼각형 CAD와 삼각형 C'A'D'는 합동이다. 그러므로 CD와 C'D'는 길이가 같으며, 각 ADC와 각 A'D'C'는 크기가 같다.

그러므로 공리 (11)에 따라서 삼각형 CDB와 삼각형 C'D'B'는 합동이며, 각 CBD와 각 C'B'D'는 크기가 같다.

힐베르트의 그 다음 법칙은 아래와 같다.

"평면 α 에 있는 각 (h, k) 와 평면 α' 에 있는 각 (h', k') 가 합동이라고 하자. 반직선 l 은 평면 α 에 놓여 있고, 각 (h, k) 의 꼭짓점에서 시작해 뻗어 나가며, 이 각 안에 놓여 있다고 하자. 그러면 두 번째 평면 α'

에 어떤 반직선 l' 이 있어서, 이 반직선은 각 (h', k') 의 꼭짓점에서 시작해 뻗어 나가며, 이 각 안에 놓여 있으며,

$$(h, l) \equiv (h', l'),\ (k, l) \equiv (k', l')$$

이 되도록 할 수 있다."

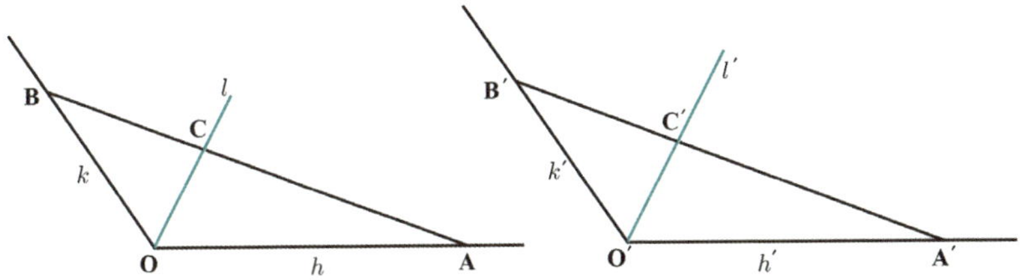

각의 꼭짓점을 각각 O, O'이라 하자. h, k 에서 점 A, B를 각각 잡고, h', k' 에서 점 A', B'를 각각 잡아서, OA와 O'A'가 합동이고, OB와 O'B'가 합동이도록 해라.

그러면 삼각형 OAB와 삼각형 O'A'B'는 합동이다. 반직선 l 이 AB와 만나는 점을 C라 하고, 선분 AB에서 점 C'를 잡되, AC와 A'C'가 합동이 되도록 잡을 수 있다. 그 다음, 점 O'에서 점 C'로 반직선 l' 을 그어라. 이것이 바로 요구하던 반직선이다.

각 (h, l) 과 각 (h', l') 이 합동임은 공리 (11)로부터 바로 나온다. 그리고 AB, A'B'가 합동이고 AC, A'C'가 합동임에다 공리 (9)를 써서, 그 차이 BC, B'C'가 합동임을 이끌어 낼 수 있으니, 각 (k, l) 과 각 (k', l') 도 합동임이 나온다.

이 두 법칙을 사용하여서, 힐베르트는 다음 법칙을 증명한다.

"모든 직각들은 서로 합동이다."

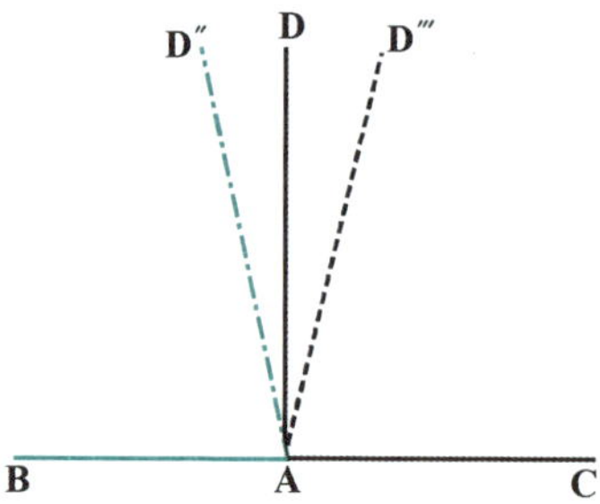

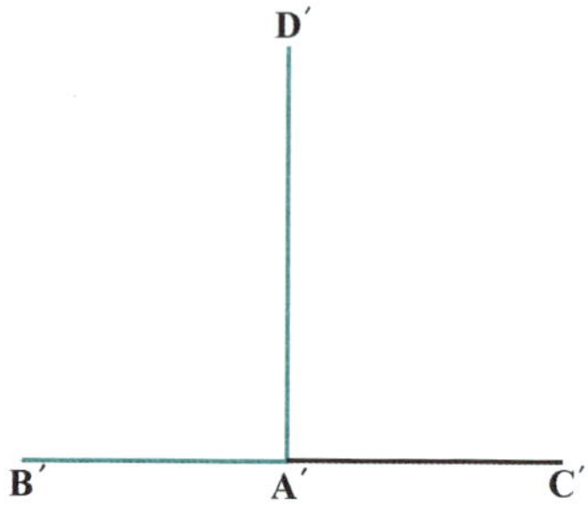

각 BAD와 이웃한 각 CAD가 합동이라고 하자. 그리고 각 B'A'D'와 이웃한 각 C'A'D'도 합동이라고 하자. 그러면 이 네 각들은 모두 직각이다.

만약에 각 B'A'D'와 각 BAD가 합동이 아니라면, 각 B'A'D'와 합동이 되도록 각 BAD"를 그려라. 그러면 반직선 AD"는 각 BAD의 안에 놓이거나, 또는 각 DAC의 안에 놓인다. 이것이 각 BAD의 안에 놓인다고 가정하자.

각 B'A'D'와 각 BAD"가 합동이니, 앞에서 나온 보각에 관한 법칙에 따라서, 각 C'A'D'와 각 CAD"도 합동이다.

그러므로 가정과 공리 (4)에 따라서, 각 BAD"와 각 CAD"도 합동이다. 그리고 각 BAD와 각 CAD가 합동이니, 우리는 각 CAD의 안에서 어떤 반직선 AD'''를 그어서, 각 BAD"와 각 CAD'''가 합동이고, 각 DAD"와 각 DAD'''가 합동이 되도록 할 수 있다. (마지막 법칙에 따라서)

그런데 각 BAD"와 각 CAD"가 합동이니, 공리 (4)에 따라서 각 CAD"와 각 CAD'''는 합동이다. 그러나 이건 공리 (8)에 어긋나니 모순이다. 그러므로 이 법칙이 성립한다.

삼각형 ABC, 삼각형 ACB에다 공리 (11)을 적용하면, [기하학 원론] 1권 법칙 5가 바로 나온다.

공리 (9), (10)은 사실상 다음 법칙을 제시하고 있다. "선분들이나 각들의 길이(크기)가 같은 것들을 더하거나 빼면, 그 결과도 같다."

마지막으로, 힐베르트는 방금 말한 법칙을 각에다 적용하고 [기하학 원론] 1권 법칙 5를 사용하여서, [기하학 원론] 1권 법칙 8을 증명한다.

두 삼각형 ABC, A'B'C'가 세 변들이 각각 합동이라고 하자. 변 BC를 기준으로, A의 반대쪽에 각 CBA"를 만들되, 각 A'B'C'와 합동이 되도록 만들어라. 그리고 BA"는 A'B'와 합동이 되도록 잡아라.

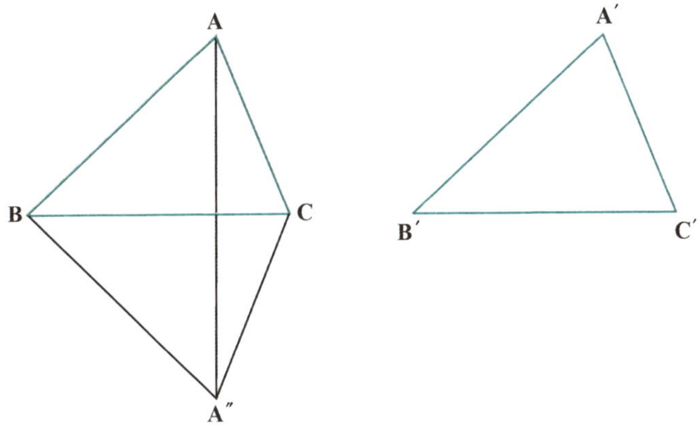

어떻게 증명해야 하는지는 명백하다. 기하학 교재들은 가끔씩, [기하학 원론] 1권 법칙 8을 증명할 때 이 방법을 사용한다.

일반 개념 5 전체는 부분보다 더 크다.

해설 프로클루스는 이 '자명한 이치'를 앞의 것과 마찬가지 이유로 포함시켰다. 그러나 탄네리는 이것을 반대하고 나섰는데, 그의 반론은 힘이 있어 보인다. 즉 이 명제는 1권 법칙 6에 나오는 표현을 달리 바꿔 놓았다는 것이다. 법칙 6에 보면 "따라서 삼각형 DBC와 삼각형 ACB는 같다. 작은 것이 큰 것과 같게 되었으니, 이건 모순이다."라는 말이 나온다.

이 명제는 기하학 도형에서 단숨에 이끌어 낼 수 있는 사실을 좀더 일반화해 추상적으로 표현한 것 같다. 그런데 이건 전체와 부분에 관한 정의처럼 되어 버렸다. 프로클루스의 인정에도 불구하고, 이 명제는 아마 유클리드가 만든 게 아닌 것 같다.

클라비우스는 "전체는 각 부분들을 더한 것과 같다."는 자명한 이치를 덧붙여 놓았다.

유클리드 이후에 도입된 자명한 이치들

(9) "두 직선은 어떤 넓이를 둘러싸지 않는다."

프로클루스는 자명한 이치들을 쓸데없이 많이 늘린 예로서 이것을 들었다. 그는 이것에 대한 반론으로, 이 명제는 기하학에 속하며, 자명한 이치는 일반적이어서 어느 특정한 과학에 속하지 않는다고 주장하였다. 그러나 이 명제에 대한 진짜 반론은, 이게 필요 없다는 것이다. 왜냐 하면, 이게 주장하는 내용은 공리 1의 뜻에 포함되어 있기 때문이다.

이 명제는 기하학 원론 1권 법칙 4의 "밑변 BC가 밑변 EF와 일치하지 않는다면, 두 직선이 어떤 도형을 감싸게 된다. 이것은 불가능하다."라는 데에서 유래된 게 확실하다. 그러니 이건 후대 사람들이 덧붙여 놓았음이 확실하다. [기하학 원론]의 판본들에 따라서, 이것이 공리 5의 바로 뒤에 따라 나오기도 하고, '일반 개념 9'로서 등장하기도 한다.

파푸스는 다음 명제들을 덧붙여 놓았는데, 프로클루스는 이들에 대해서 반대를 했다. 이들은 정의로부터 바로 나오기 때문이다.

(가) "평면의 모든 부분들, 또는 직선의 모든 부분들은 서로 일치

한다.”

(나) “점은 선을 나누고, 선은 면을 나누고, 면은 입체를 나눈다.”

프로클루스는 이 명제를 놓고서, 모든 것들은 그들을 둘러싸는 것에 의해서 나뉘게 된다고 언급하였다.

안나이리치는 이 명제를 자기 나름대로 표현해 놓았는데, 그도 이것을 파푸스에게 돌렸다. 그는 입체 이야기는 빼 버렸지만, 면의 특별한 경우로서 평면을 들었다.

(다) “면과 면이 만나는 부분은 선이 된다.”

(라) “두 평면이 서로 만나면, 그들이 만나는 부분은 직선이 된다.”

(마) “선과 선이 만나는 부분은 점이 된다.”

(바) “양들은 계속 더하거나 계속 빼면 무한이 될 가능성이 있다. 그러나 두 경우 모두 가능성으로만 그렇다는 말이다.”

안나이리치의 책을 보면, 직선과 평면에 대해서만 이것을 언급해 놓았다. “직선과 평면의 경우, 그들은 생김새가 고르니, 그들을 얼마든지 늘이는 게 가능하다.”

파푸스의 이 ‘자명한 이치’는, 프로클루스가 인용한 것에 따르면, 아리스토텔레스가 쓴 [자연학]에서 나온 것 같다. 그 단어 선택도 아리스토텔레스가 즐겨 사용한 단어 그대로이다.

한켈은 이 주제에 관한 아리스토텔레스의 관점을 잘 요약해 놓았다. ([Zur Geschichte der Mathematik im Alterthum und Mittelalter], 1874) 괼란드(Görland)는 이것들을 좀더 상세히 설명해 놓았다. ([Aristoteles und die Mathematik], 1899)

한이 없다거나 끝이 없다는 것은 가능성으로만 그럴 뿐, 실제로 그럴 수는 없다. 무한인 것은 끝이 없다는 그 특성 때문에, 계속 뭔가 다른 것으로 바뀌어야 한다. 마치 날(day)이나 또는 올림픽 경기와 같다. ([자연학]) 시간, 인류, 그리고 어떤 양을 쪼개는 것을 보면, 무한은 여러 형태로 분명하게 나타난다. 일반적으로 무한이란 끊임없이 새로운 것을 취하는 데에 있다. 그것 자체는 항상 유한이지만, 그것은 계속 달라진다. 그러니 무한이란 어떤 사람, 집처럼 특정한 사물을 가리키는 게 아니며, 항상 변화하고 있다. 어떤 게 되거나 또는 쇠하여 가는 과정에 있으며, 어느 순간이든 항상 유한하지만, 매 순간 순간 늘 달라진다.

그러나 앞에서 언급한 형태들 사이에는 서로 다른 점이 있다. 양의 경우는 한번 취한 값이 그대로 남아 있다. 그러나 시간이나 인류의 경우는 계속 흘러가 없어지거나 사멸해 사라지지만, 끊이지 않고 대가 이어진다.

덧셈의 경우는 어떻게 보면 쪼개는 것과 비슷하다. 유한한 양의 경우 덧셈은 쪼개는 것과 반대 방향으로 진행하는 것이다. 왜냐 하면, 유한한 양을 '끝없이 계속' 쪼개 놓은 경우, 덧셈을 계속하면 어떤 유한한 극한으로 가까이 가게 되기 때문이다.

유한한 양의 경우, 그것의 일부분을 취하고, 계속 그와 같은 비율이 되도록 취해서, 그것에다 더한다고 하자. 이렇게 더하는 양들이 어떤 일정한 크기의 양을 포함하고 있지 않다면(즉 더하는 수들이 기하급수적으로 작아지면), 이들을 아무리 더해도 어떤 유한한 크기에 이르지 못 한다.

그러나 그 비율이 커서, 더하는 양들이 어떤 일정한 크기의 양을 포함하고 있다면, 그 일정한 크기의 양이 아무리 작다 하더라도, 계속 더해 나가면 유한한 크기의 양을 넘어서게 된다. 유한한 크기의 양은 거기에서 일정한 양씩 제거해 나가면 결국 완전히 사라지기 때문이다.

그러므로 무한은 다른 개념으로 존재하지 않으며, 방금 말한 이 개념으로만 존재한다. 즉 가능성으로, 점점 줄여 나가는 방법으로 존재한다. 이런 의미로 보면, 무한히 계속 더해 나가는 것도 가능성으로는 존재한다. 이것은 끝없이 계속 쪼개는 것과 마찬가지로 생각할 수 있다.

덧셈의 경우, 지금까지 더한 결과가 얼마이든, 그보다 더 큰 양을 찾는 게 가능하다. 그러나 어떠한 양을 주더라도, 더한 결과가 그보다 더 커지도록 할 수 있는 것은 아니다. 이것은 쪼개 나가는 경우와 다른 점이다. 쪼개 나가는 경우는, 그 어떠한 양을 주더라도, 결과가 그 양보다 더 작아지도록 할 수 있다.

그러니 더해 나가는 경우는, 그 결과가 어떠한 유한한 양보다도 더 커진다는 무한의 가능성조차 존재할 수가 없다. 그러므로 무한에 대한 올바른 개념은, 사람들이 흔히 생각하는 것과 반대이다. 그 바깥에 아무것도 없는 것이 아니고, 그 바깥에 항상 무엇인가 있는 것이다.

수의 경우와 양의 경우를 대조하여, 아리스토텔레스는 다음을 지적하였다. (1) 수의 경우 작아지는 데 한계가 있다. 즉 1이 가장 작은 수이다. 그러나 반대 방향으로는 한계가 없다. 아무리 큰 수를 주더라도, 그보다 더 큰 수가 존재한다. 그러나 (2) 양의 경우는 그 반대이다. 아무리 작은 양을 주더라도, 그보다 더 작은 양을 잡을 수 있다. 그러나 반대로 한없이 큰 양이란 있을 수가 없다.

아리스토텔레스는 다음과 같이 논리를 전개해 후자의 주장을 정당화했다. 어떤 양이 얼마만큼 커질 가능성이 있든, 실제로 그렇게 커질 수 있어야 한다. 그런데 한없이 크다고 느낄 수 있는, 그런 양은 없다. 그러므로 주어진 어떠한 양보다도 더 커지는 것은 불가능하다. 만약에 그렇지 않다면, 우주보다 더 큰 양이 있을 것이다.

아리스토텔레스는 자신이 본질적으로 물리적인 양에 대해서 말하고 있음을 잘 알고 있었다. 그는 책의 앞부분에서, 수학이나 생각의 영역,

또는 양이 없는 것들의 영역에서 무한이 가능한지 여부를 결정하려면, 좀더 일반적인 연구가 있어야 한다고 관찰했다. 그러나 본인이 다루는 주제는 실제로 만질 수 있는 물체들과 물리학이라면서, 그 자신이 이러한 연구를 하지 않는 데 대해서 양해를 구하였다. 그러나 나중에 그는 자신의 결론이 수학에 어떤 영향을 끼치는지 언급하였다.

"내 결론이 수학자들이 연구할 거리를 빼앗는 게 아니다. 실제로 어떤 무한한 양이 있어서, 그게 어떠한 것보다도 더 큰, 그런 것은 있을 수가 없지만 말이다. 왜냐 하면, 수학자들은 무한한 양을 쓸 필요가 없다. 수학자들에게 필요한 것은, 직선의 길이를 그들이 '원하는 만큼 충분히' 길게 만들 수 있으면 된다. 그리고 어떠한 크기의 양이든, 가장 큰 양과 같은 비율로 자를 수 있으면 된다. 그러니 수학자들이 증명을 하는 데에는 아무런 차이도 없다."

마지막으로, 무한이 '생각' 속에 존재한다 하더라도, 그것은 '실제' 존재하는 것으로 발전하지 않는다고 아리스토텔레스는 주장했다. 어떤 사물은 어떤 크기보다 더 크다고 생각하기 때문에 더 큰 게 아니다. 실제로 더 커야 더 큰 것이다. 그러므로 어떤 양을 생각으로 크기를 늘린다고 해서, 실제로 한없이 큰 게 아니다.

한켈과 굄란드는 양들의 무한 덧셈에 관한 위의 글을 인용하지 않았다. 그러나 수학자들이라면 이것에 흥미를 가질 것이다. 양들의 무한 덧셈은 그 결과가 유한한 값이 나오는 (수렴하는) 경우가 아니면 아예 불가능하다고 여긴 것이나, 직선의 길이는 한없이 길지 않더라도 (리만이 발전시킨 것과 비교해 보아서) 원하는 만큼 길기만 하면 된다고 본 것이나.

아리스토텔레스는 양들을 더한 결과가 어떠한 유한한 양보다도 더 커지는 경우의 존재 가능성마저 완전히 부인했는데, 이것은 그 자신이 암시했듯이, 유독수스가 피라미드의 부피를 구하는 공식을 증명하는 데 사용한 (아르키메데스를 통해서 추측함.) 법칙 또는 가설들에 어긋난다.

아르키메데스는 이 법칙을 다음과 같이 기술하고 있다. ([포물선 도형의 넓이]) "두 도형의 넓이가 서로 다를 때, 넓은 것에서 좁은 것을 뺀 그 차이는, 만약 그걸 계속 더해 나가면, 주어진 그 어떠한 넓이보다도 더 커지게 된다." 그러니 일 세기 후에 아르키메데스가 정작 이 법칙을 사용하려 했을 때, 그는 이것을 사용해도 됨을 정당화할 필요성을 느꼈으며, 머리글에 다음과 같이 적어 놓았다. "기하학자들은 옛날부터 이 법칙을 사용해 왔다. 기하학자들은 이 법칙을 써서 원의 넓이가 지름의 제곱에 비례함을 보였고, 공의 부피가 지름의 세제곱에 비례함을 보였으며, 그 이외에도 많은 것들을 보였다. 그리고 이러한 결과들은 이 법칙을 쓰지 않고 증명한 것들이나 마찬가지로 받아들여지고 있다."

연속의 원리

어떤 성질을 가지는 도형이 실제로 존재함을 보이기 위해서, 유클리드는 그 도형을 작도하는데, 이것은 [기하학 원론]의 특징 중의 하나이다. 작도는 공리 1, 2, 3에 따라서 직선이나 원을 그리는 방법으로 진행해 나간다. 이 때 핵심이 되는 것은, 이렇게 그린 직선이나 원이 서로 교차하면서, 새로운 점을 낳는다는 사실이다. 기존의 주어진 점들 이외에 이렇게 해서 새로운 점들이 생기며, 다시 이들을 써서 새로운 선들을 긋고, 이 선들이 교차하며 또 새로운 점들을 낳고, 등등.

그렇다면 이렇게 선들이 교차하는 점이 '존재'한다는 것을 공리로서 채택하거나, 또는 이들을 결정하는 선들처럼 이들의 존재를 증명하거나 해야 한다. 그러나 [기하학 원론]을 보면, 공리 5를 제외하고는 이런 성격의 공리는 없다. 공리 5는 두 직선이 어떤 조건을 만족하면 서로 만나게 됨을 말하고 있다.

이 조건은 주어진 문제의 풀이 (답의 존재) 가능성의 핵심이라고 할 수 있다. 이렇게 선들이 교차하는 점이 존재함을 인정하지 않으면, 그 교차점을 써서 문제를 푸는 경우, 그런 도형들이 실제로 존재함을 증명하는 데 필요한 요건들을 완전히 충족시킨 게 아니다.

직선들이 교차하는 점 뿐만이 아니라, 원이 직선과 교차하는 점, 원이 원과 교차하는 점도 작도를 하는 데 쓰이고 있다. 그러니 공리 5에 덧붙여, 직선과 원의 교차점이나, 원과 원의 교차점도 실제로 존재함을 주장하는 공리가 필요하다. 법칙 1을 보더라도, 정삼각형을 그리기 위해서 두 원이 교차하는 점을 이용하고 있다. 그러므로 두 원이 실제로 교차한다는 보장이 필요하다.

유클리드는 이게 당연하다고 생각한 것 같은데, 그러나 이건 명백한 게 아니다. 1권 법칙 22에 보아도 마찬가지로 가정한 것 같다. 법칙 22의 경우 두 선분을 더한 것이 나머지 한 선분보다 더 길다고 가정하고 있지만, 그러나 그렇다고 해서, 이렇게 작도하는 게 가능하다는 보장은 없다.

1권 법칙 12를 보면, 원이 어떤 직선과 분명히 교차하도록 하기 위해서, 유클리드는 그 직선을 기준으로 원의 중점과 반대편에 있는 점을 지나도록 만들었다. 그러니 이 경우를 보면, 원의 중점이 직선의 한쪽에 놓여 있고, 원둘레의 한 점이 직선의 반대편에 놓여 있다는 사실과, 원의 정의를 써서 이 사실을 유추한 것 같다. 그리고 두 원이 서로 교차하는 경우도 이와 비슷하게 고려한 것 같다. 3권을 보면 두 원의 상대적인 위치에 대해서 다루는 게 여러 번 나오지만, 3권을 보아도 두 원이 어떤 경우에 교차점이 하나인지, 교차점이 둘인지, 교차점이 없는지, 그 조건에 관한 이야기는 나오지 않는다.

이러한 논리적 허점은 '연속의 원리'를 사용해야만 메울 수 있다.

킬링은 다음을 제시하는데([Einführung in die Grundlagen der Geometrie]), 대부분의 경우 이것들로 충분하다.

(가) "어떤 선이 한 도형에 완전히 속한다고 하자. 그런데 그 도형을 두 부분으로 쪼갰다고 하자. 그 선이 이들 각 부분과 적어도 한 점을 공유하고 있으면, 그 선은 이 두 부분의 경계선과 만난다." 또는

(나) "한 도형을 두 부분으로 쪼갰다고 하자. 어떤 점이 이 도형에서 움직이는데, 맨 처음에는 어느 한 부분에 있다가, 맨 끝에 가서는 다른 부분에 있더라고 하자. 그러면 이 점은 움직이는 동안, 이 두 부분의 경계선을 지나게 된다."

보놀라가 쓴 [Questioni riguardanti le matematiche elementari], I에 실린 다섯 번째 항목을 보면, 데데킨트(Dedekind)의 공리를 언급하면서 연속의 원리를 다루어 놓았다. 우선, 그 공리를 어떻게 유도할 수 있는지, 그리고 그 공리를 어떻게 기본 기하학에 이용할 수 있는지.

어떤 직선에 선분 AB가 놓여 있는데, 그 선분에 어떤 점 C가 있어서, 두 선분 AC, CB로 쪼갰다고 하자. 점 C가 두 선분 AC, CB 중의 어느 하나에만 속한다고 하면, 우리는 선분 AB가 다음 조건을 만족하도록 둘로 쪼갰다.

1. 선분 AB의 모든 점들은 두 부분 중 어느 '하나에만' 속한다.
2. 점 A는 두 부분 중 어느 한 부분(첫 번째 부분이라고 부르자)에 속하고, 점 B는 다른 한 부분에 속한다. 점 C는 우리가 약속하기에 따라 첫 번째 부분에 속한다고 해도 되고, 두 번째 부분에

속한다고 해도 된다.

3. 어떤 점이 선분 AB를 따라 (이 순서로) 움직인다고 하면, 첫 번째 부분의 모든 점들이 두 번째 부분의 모든 점들보다 먼저 나온다. (일반적으로, 우리는 점 C가 A나 B가 되는 경우도 생각해야 한다. 이 경우 점 C가 각각 첫 번째 부분, 두 번째 부분에 속한다고 하면, 이렇게 쪼갠 것이 위에서 열거한 조건들을 여전히 만족하게 된다. 이 때 어느 한 부분은 한 점 A로 되어 있거나, 한 점 B로 되어 있다.)

앞에서 말한 법칙의 역에 대해서 꼼꼼하게 생각해 보자. 그러면 그게 직선의 연속성에 대한 개념과 일치하게 됨을 알 수 있다. 그러니 우리는 다음을 '공리'로서 받아들이자.

"선분 AB를 두 부분으로 나누어서, 다음 조건을 만족한다고 하자.

(1) 선분 AB의 모든 점들은 어느 한 부분에 속한다.

(2) 끝점 A는 첫 번째 부분에 속하고, 끝점 B는 두 번째 부분에 속한다.

(3) 선분 AB에다 어떤 순서 관계를 부여하여서, 첫 번째 부분의 모든 점들은 두 번째 부분의 모든 점들보다 순서가 먼저이다.

그러면 선분 AB에 어떤 점 C가 있어서(점 C는 첫 번째 부분에 속할 수도 있고, 두 번째 부분에 속할 수도 있다.), 선분 AB의 점들 중에 C보다 먼저인 점들은 모두 첫 번째 부분에 속하며, C보다 뒤인 점들은 모두 두 번째 부분에 속한다." (만약 어느 한 부분이 한 점 A이거나 한 점 B이면, 점 C는 선분의 끝점인 A 또는 B이다.)

이것이 바로 데데킨트의 공리이다. 데데킨트 자신은 이것을 약간 다른 형태로 표현했다. ([Stetigkeit und irrationale Zahlen], 1872)

"한 직선에 있는 모든 점들을 두 부분으로 갈라서, 첫 번째 부분의 모든 점들이 두 번째 부분의 모든 점들보다 왼쪽에 놓여 있다고 하자. 그러면 이렇게 직선의 모든 점들을 두 부분으로 나누는 점이 단 하나 존재한다."

위에서 말한 것은 우리의 직관적인 개념과 통한다. 즉 선분이 있는데, 두 점이 각각 양 끝점에서 움직이기 시작해 서로 반대쪽으로 선분을 따라 움직이면, 이 두 점은 어느 한 점에서 만나게 된다. 이들이 만나는 점은 양쪽 부분 모두에 속한다고 생각해도 되지만, 그러나 지금 우리가 보이려는 것을 위해서는, 이 점이 어느 한 부분에만 속하며 다른 부분에는 속하지 않는다고 하자.

데데킨트의 공리를 각에 적용

두 반직선 a, b가 직각의 두 배보다 더 작은 각을 만들고 있다고 하자. a에서 어떤 점 A를 잡고, b에서 어떤 점 B를 잡은 다음, 직선 AB를 그어라. 그러면 선분 AB에 있는 모든 점들은, 그 각의 꼭짓점에서 뻗어 나오는 반직선들과 하나씩 하나씩 대응한다. 즉 그 반직선이 선분 AB와 만나는 점이 있는데, 그 반직선과 그 점이 대응하도록 하면 된다. 그리고 어떤 반직선이 그 각의 꼭짓점을 지나면서, 반직선 a의 위치에서 반직선 b의 위치로 움직인다고 하면, 그에 대응하는 선분 AB의 점들도, 반직선이 각 (ab)에서 움직이는 것과 마찬가지 순서로 움직이게 된다.

따라서 각 (ab)를 다음 조건을 만족하도록 두 부분으로 쪼개서,

(1) 각 (ab)의 모든 반직선들은 어느 한 부분에 속하고,
(2) 맨 바깥의 반직선 a는 첫 번째 부분에 속하고, 반직선 b는 두 번째 부분에 속하고,
(3) 첫 번째 부분에 속하는 모든 반직선들은 두 번째 부분에 속하

는 모든 반직선보다 순서가 먼저라고 하면, 그에 대응하는 선분 AB의 점들도 두 부분으로 나누어지며, 다음 조건을 만족한다.

(1) 선분 AB의 모든 점들은 어느 한 부분에 속한다.

(2) 끝점 A는 첫 번째 부분에 속하고, 끝점 B는 두 번째 부분에 속한다.

(3) 첫 번째 부분에 속하는 모든 점들은 두 번째 부분에 속하는 모든 점들보다 순서가 먼저이다.

그런데 이 조건들을 만족하면, 선분 AB에는 어떤 점 C가 있어서(이 점은 첫 번째 부분에 속할 수도 있고, 두 번째 부분에 속할 수도 있다.), AB의 점들 중에 C보다 순서가 먼저인 점들은 첫 번째 부분에 속하고, C보다 순서가 나중인 점들은 두 번째 부분에 속한다.

그러므로 점 C에 대응하는 반직선 c도 마찬가지 성질을 가지며, 따라서 c는 각 (ab)를 두 부분으로 쪼갠다.

각 (ab)가 '평각'이거나 또는 그보다 더 큰 경우에도 이런 성질을 가지는 것을 보임은 어렵지 않다. 각을 두 부분 (ad), (db)로 쪼개서, 이들이 각각 직각의 두 배보다 더 작도록 하고, 다음 세 가지 경우로 갈라서 생각하면 된다. (비탈리)

(1) d보다 순서가 먼저인 모든 반직선들은 첫 번째 부분에 속하고, d보다 순서가 나중인 모든 반직선들은 두 번째 부분에 속하는 경우.

(2) d보다 순서가 나중인 반직선들의 일부가 첫 번째 부분에 속하는 경우.

(3) d보다 순서가 먼저인 반직선들의 일부가 두 번째 부분에 속하는 경우.

원주에 적용

중점이 O인 원의 호 AB를 생각하면, 호 AB의 점들은, 점 O에서 뻗어 나오고 그 점들을 지나는 반직선들과 하나씩 하나씩 순서대로 대응한다. 그러니 선분에 대한 것을 각에 대한 것으로 바꾼 것처럼, 각에 대한 것을 호에 대한 것으로 바꿔서 적용할 수 있다.

직선과 원이 만나는 경우

데데킨트의 공리를 써서 다음을 증명할 수 있다.

"어떤 직선의 한 점이 원의 안에 놓여 있고 한 점이 원의 바깥에 놓여 있으면, 그 직선은 원과 두 점에서 만난다."

이것을 증명하기 위해서, 다음을 가정해야 한다.

(1) 어떤 점과 어떤 직선을 주었을 때, 그 점에서 직선으로 수직선과 비스듬한 선을 긋는 것에 관한 법칙들. 즉 어떤 점에서 주어진 직선으로 그은 선들 중에 수직선이 가장 짧으며, 나머지 비스듬한 선들은, 그 직선에다 정사영을 했을 때 그 길이가 길면 길수록 그 선의 길이가 길다. 그리고 정사영한 것의 길이가 같으면, 그 두 선은 길이가 같다. 그러니 어떤 길이를 주었을 때, 정사영한 것의 길이가 그렇게 되는 비스듬한 직선은 단 두 개 존재하며, 수직선의 양쪽에 하나씩 존재한다.

(2) 삼각형의 어느 변이든, 다른 두 변을 더한 것보다 더 짧다는 법칙.

어떤 원 C의 중점이 O이고, 직선 r의 한 점 A는 원의 안쪽에 있고, 한 점 B는 원의 바깥쪽에 있다고 하자.

원의 반지름을 R이라고 하자. 원의 정의에 따라서

$$\mathrm{OA} < \mathrm{R}, \quad \mathrm{R} < \mathrm{OB}$$

직선 r에 수직이 되도록 직선 OP를 그어라. 그러면 OP < OA이다. 따라서 OP는 R보다 더 작으며, 따라서 점 P는 원 C의 안에 놓인다.

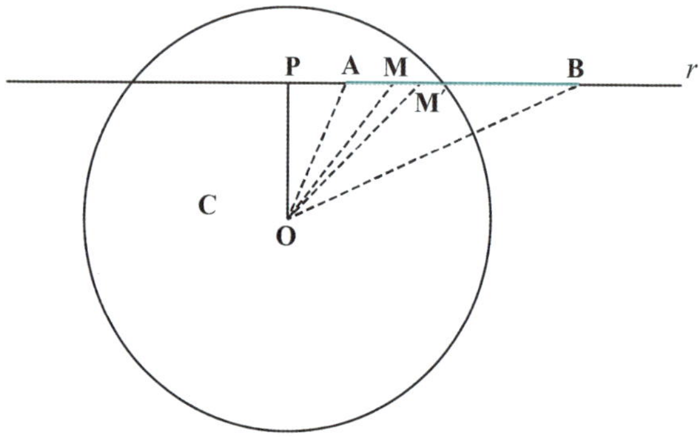

이제 직선 r에 놓여 있는 선분 AB를 주목하기 바란다. 이 선분은 두 부분으로 쪼갤 수 있다.

(1) OH < R을 만족하는 점 H를 모두 모은 집합. (즉 원 C의 안쪽에 놓이는 점들의 집합.)

(2) R ≤ OK를 만족하는 점 K를 모두 모은 집합. (원 C의 바깥쪽과, 원둘레에 놓이는 점들의 집합.)

어떤 점에서 주어진 직선으로 그은 선들 중에, 정사영의 길이가 긴 쪽이 더 길다고 했으니, 선분 PB의 점들 중에 원 C의 내부에 있는 점보다 '순서가 먼저인' 점은 모두 원 C의 내부에 놓여 있으며, 원둘레 점이나 또는 원 C의 바깥쪽에 있는 점보다 '순서가 나중인' 점은 모두 원 C의 바깥쪽에 놓여 있다.

그러므로 데데킨트의 공리에 따라서, 선분 PB에 어떤 점 M이 있어서, M보다 순서가 먼저인 점들은 모두 첫 번째 부분에 속하고, M보다 순서가 나중인 점들은 모두 두 번째 부분에 속한다.

이제 점 M이 직선 r과 원 C의 공통점임을 보이겠다. 즉

$$OM = R$$

임을 보이겠다.

예를 들어, $OM < R$이라고 하자.

그러면 R에서 OM을 뺀 것보다 더 작도록, 어떤 길이 a를 잡아라.

점 M보다 순서가 나중인 점 M'을 잡되, MM'의 길이가 a와 같도록 잡아라.

그러면 삼각형의 어떤 변이든, 다른 두 변을 더한 것보다 짧으니,

$$OM' < OM + MM'$$

그런데 $OM + MM' = OM + a < R$

따라서 $OM' < R$

그러나 이것은 모순이다.

$OM > R$인 경우에도 마찬가지 방법으로 모순을 이끌어 낼 수 있다. 그러므로 OM은 R과 길이가 같다.

선분 PB의 한 점 M은 직선 r과 원 C의 공통점인데, 직선 r에는 이와 똑같은 성질을 가지는 점이 한 개 더 있음이 명백하다. 즉 점 P를 기준으로 M과 대칭인 점이 그렇다.

그러므로 이 법칙을 증명하였다.

두 원이 만나는 경우

마찬가지 방법으로, 데데킨트의 공리를 써서 다음을 증명할 수 있다.

"어떤 평면에 원 C와 원 C'가 있는데, 원 C의 한 점 X는 원 C'의 안쪽에 있고, 원 C의 한 점 Y는 원 C'의 바깥쪽에 있으면, 두 원은 두 점에서 만난다."

우리는 먼저 다음을 증명해야 한다.

렘마: "원 C의 중점을 O라 하고, 원 C'의 중점을 O'라 하자. 그리

고 이들의 반지름을 R, R'이라 하자. 직선 OO'를 그으면, 이 직선은 원 C와 두 점에서 만난다. 이 점들을 A, B라 하자. 이들 중 어느 하나는 원 C'의 안쪽에 놓이며, 다른 하나는 원 C'의 바깥쪽에 놓인다."

이 두 점들 중 어느 하나는

(1) 선분 O'O를 O를 지나 길게 늘인 부분에 놓이거나,
(2) 선분 OO'에 놓이거나,
(3) 선분 OO'를 O'를 지나 길게 늘인 부분에 놓인다.

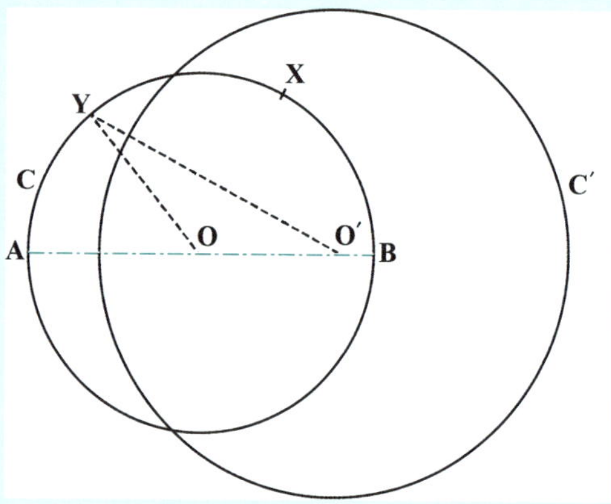

(1) 우선, 점 A가 선분 O'O를 O를 지나 길게 늘인 부분에 놓여 있다고 하자. 그러면

$$AO' = AO + OO' = R + OO' \qquad \cdots\cdots \quad (가)$$

그런데 삼각형 OO'Y에서

$$O'Y < OY + OO'$$

그리고 $R' < O'Y$, $OY = R$이니,

$$R' < R + OO'$$

그러므로 (가)에 의해서 $R' < AO'$이며, 따라서 점 A는 원 C'의 '바깥쪽에' 놓여 있다.

(2) 그 다음, 점 A가 선분 OO'에 놓여 있다고 하자. 그러면

$$OO' = OA + AO' = R + AO' \quad \cdots\cdots \quad (나)$$

그런데 삼각형 OO'X에서

$$OO' < OX+O'X$$

그리고 OX = R, O'X < R' 이니,

$$OO' < R + R'$$

그러므로 (나)에 의해서 AO' < R'이며, 따라서 점 A는 원 C'의 '안쪽에' 놓여 있다.

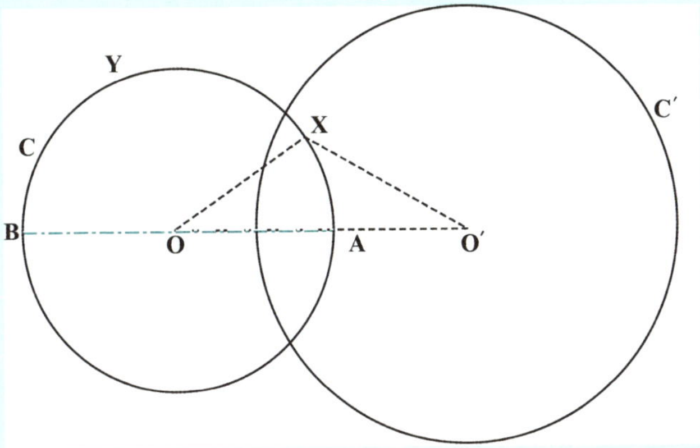

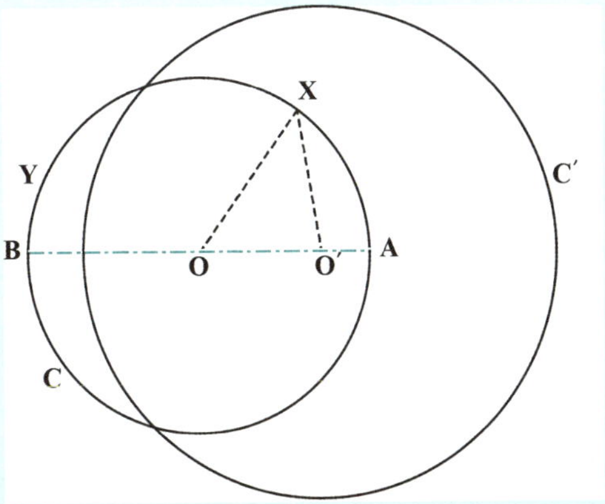

(3) 마지막으로, 점 A가 선분 OO'를 O'를 지나 길게 늘인 부분에 놓여 있다고 하자. 그러면

$$R = OA = OO' + O'A \quad \cdots\cdots \quad (다)$$

그런데 삼각형 OO'X에서

$$OX < OO' + O'X$$

바꿔 말하면,

$$R < OO' + O'X$$

그러므로 (다)에 의해서

$$OO' + O'A < OO' + O'X$$

즉 O'A < O'X이며, 따라서 점 A는 원 C'의 '안쪽에' 놓여 있다.

이것을 자세히 보면, 두 점 A, B 중의 어느 한 점은 (1)의 경우가 되며, 다른 한 점은 (2) 또는 (3)의 경우가 됨을 알 수 있다. 그러므로 두 점 A, B 중의 어느 하나는 원 C'의 '바깥쪽에' 놓여 있으며, 다른 한 점은 원 C'의 '안쪽에' 놓여 있다.

이제 이 법칙을 증명해 보자.

원 C는 두 점 A, B에 의해서 쪼개져 두 개의 반원이 된다. 그들 중 한 개를 고려하자. 어떤 점이 A에서 출발해 그 반원을 따라 움직여서 B에 이른다고 하자.

그 반원에서 서로 다른 두 점 P, Q를 잡고, 점 P가 점 Q보다 순서가 먼저라고 하자.

삼각형 OO'P와 삼각형 OO'Q를 비교해 보자. 한 변 OO'는 공통이며, 변 OP와 변 OQ는 길이가 같고, 각 POO'는 각 QOO'보다 더 작다.

그러므로 O'P < O'Q

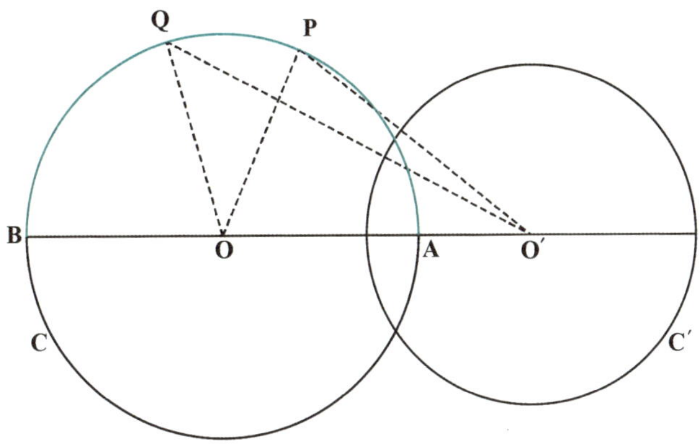

이제 반원 APQB를 두 부분으로 쪼개서, 첫 번째 부분은 원 C'의 안쪽에 놓이는 점들의 집합이라 하고, 두 번째 부분은 원 C'의 바깥쪽에 놓이는 점들의 집합이라 하자. 그러면 이렇게 쪼갠 것들은 데데킨트의 공리를 적용하는 데 필요한 조건들을 만족한다. (데데킨트의 공리는 원주의 경우도 직선이나 마찬가지로 성립한다.) 그러므로 "이 두 부분의 경계가 되는 어떤 점 M이 존재한다."

이제 O'M = R'임을 보이겠다.

만약에 그렇지 않다면, 예를 들어 O'M < R'이라고 하자.

R'에서 O'M을 뺀 것을 라 하자. M 뒤에 나오는 점 M'을 잡되, 현 MM'의 길이가 a보다 길지 않도록 잡아라. (이렇게 잡는 방법은 뒤에 가서 설명하겠다.)

그러면 삼각형 O'MM'에서

$$O'M' < O'M + MM' < O'M + a$$

그러므로

$$O'M' < R'$$

따라서 점 M'은 원 C'의 안쪽에 놓여 있다. 그런데 M'은 호 MB에 놓여 있으니, 이것은 모순이다.

비슷한 방법으로, O'M이 R보다 크지 않음을 보일 수 있다.

그러므로 O'M = R이다.

현 MM'의 길이가 a보다 길지 않도록 점 M'을 잡으려면, 다음과 같이 하면 된다.

점 M에서 직선 MP를 긋되, MP는 OM과 다른 직선이 되도록 해라. 그리고 MP의 길이가 $a/2$가 되도록 잡아라.

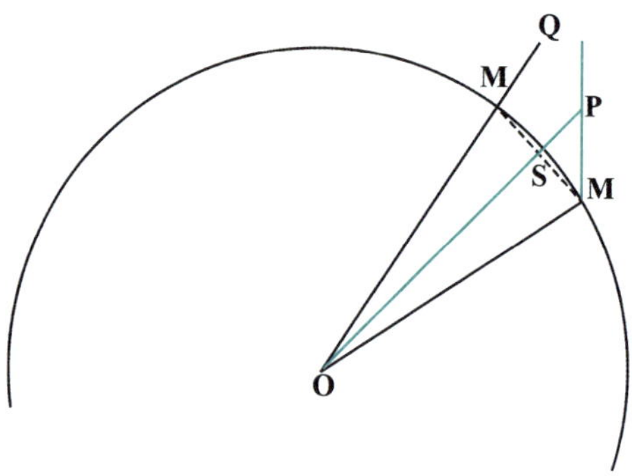

직선 OP를 그어라. 그리고 각 MOP와 크기가 같도록 각 POQ를 만들어라.

그러면 직선 OQ가 원과 만나는 점 M'이 이 조건을 만족한다.

직선 MM'을 그어라. 이 직선은 OP와 수직으로 만난다. 이들이 만나는 점을 S라 하자.

그러면 직각삼각형 MSP에서, MS는 MP보다 길지 않다. (MP와 MS가 일치하는 경우는 이들 둘이 같으며, 그렇지 않은 경우는 MS가 MP보다 짧다.)

그러므로 MS는 $a/2$보다 길지 않다. 그러므로 MM'은 a보다 길지 않다.

주요 수학자, 편찬가 및 주석자 소개

ㄱ

가우스 (Carl Friedrich Gauss, 1777 ~ 1855) : 독일의 위대한 수학자. '가우스 곡률'을 제시하여 비유클리드 기하학의 토대를 닦았다.

게라드 (Gherard of Cremona, 1114 ~ 1187) : 이탈리아의 번역가. 유클리드의 [기하학 원론], 프톨레미의 [알마게스트] 등등 수많은 서적을 아랍어에서 라틴어로 번역하였다.

괼란드 (Albert Görland, 1869 ~ 1952) : 독일의 철학자.

ㄴ

나시라딘 (Nasiraddin, 1201 ~ 1274) : 중동의 위대한 수학자, 물리학자, 철학자. 유클리드, 아르키메데스, 프톨레미의 저술들을 아랍어로 편찬하였으며, 삼각함수를 천문학으로부터 독립적으로 연구, 발전시켰다.

니코메데스 (Nicomedes, B.C. 280 ~ B.C. 210) : 고대 그리스의 수학자. '니코메데스의 나사선'으로 유명하다.

ㄷ

데데킨트 (Richard Dedekind, 1831 ~ 1916) : 독일의 수학자. 실수를 정의하는 '데데킨트 컷'으로 유명하다.

데자르그 (Girard Desargues, 1591 ~ 1661) : 프랑스의 수학자. '사영 기하학'을 창시하였다.

도지슨 (Charles Lutwidge Dodgson, 1832 ~ 1898) : 영국의 수학자, 동화 작가. '루이스 캐롤'이라는 필명으로 [이상한 나라의 앨리스]를 출판하였다.

디나 (Heinrich Wilhelm Feodor Deahna, 1815 ~ 1844) : 독일의 수학자.

디오도루스 (Diodorus of Alexandria, ? ~ B.C. 1세기 무렵) : 고대 그리스의 기하학자, 천문학자. 노몬을 사용한 해시계를 만들었으며, [Analemma]를 저술하였다.

디오클레스 (Diocles, B.C. 240 ~ B.C. 180) : 고대 그리스의 기하학자. 포물선의 초점의 성질을 최초로 증명하였다.

ㄹ

라이프니츠 (Gottfried Wilhelm Leibniz, 1646 ~ 1716) : 독일의 수학자, 철학자. '미분적분학'을 개척하였다.

람베르트 (Johann Heinrich Lambert, 1728 ~ 1777) : 스위스 출생, 독일의 수학자, 물리학자, 철학자.

러셀 (Bertrand Russell, 1872 ~ 1970) : 영국의 저명한 수학자, 철학자. 1950년에 노벨 문학상을 수상하였다.

로렌츠 (Johann Friedrich Lorenz, 1737 ~ 1807) : 독일의 수학자, 교육자.

로바체프스키 (Nikolai Ivanovich Lobachewsky, 1792 ~ 1856) : 러시아의 수학자. 곡률이 음수인 비유클리드 기하학, 즉 '로바체프스키 기하학' 체계를 정립하여서, '기하학의 코페르니쿠스'라 불린다.

로젠버거 (Otto Rausenberger, 1852 ~ ?) : 독일의 수학자.

르장드르 (Adrien Marie Legendre, 1752 ~ 1833) : 프랑스의 수학자.

리만 (Georg Friedrich Bernhard Riemann, 1826 ~ 1866) : 독일의 수학자. 가우스의 제자이며, 미분기하학에 크게 기여하였다.

리카디 (Pietro Riccardi, 1828 ~ 1898) : 이탈리아의 수학자.

ㅂ

바바린 (Paul Jean Joseph Barbarin, 1855 ~ ?) : 프랑스의 수학자.

반스윈덴 (Jean Henri Van Swinden, 1746 ~ 1823) : 네덜란드의 수학자, 물리학자.

베로네스 (Giuseppe Veronese, 1854 ~ 1917) : 이탈리아의 수학자.

베셀 (Friedrich Wilhelm Bessel, 1784 ~ 1846) : 독일의 천문학자, 물리학자, 수학자.

베커 (Johann Carl Becker, 1814 ~ 1884) : 독일의 수학자.

벨트라미 (Eugenio Beltrami, 1835 ~ 1900) : 이탈리아의 수학자. 비유클리드 기하학이 모순 없이 성립함을 최초로 증명하였다.

보놀라 (Roberto Bonola, 1874 ~ 1911) : 이탈리아의 수학자.

보니츠 (Hermann Bonitz, 1814 ~ 1888) : 독일의 학자, 교육자. 플라톤, 아리스토텔레스에 대한 해설로 유명하다.

보렐리 (Giovanni Alfonso Borelli, 1608 ~ 1679) : 이탈리아의 생물학자, 물리학자, 수학자.

볼리야 (Wolfgang Bolyai, 1775 ~ 1856) : 헝가리의 수학자. 유클리드의

평행선 공리를 연구하여 비유클리드 기하학의 가능성을 열었다.

볼리야 (Johann Bolyai, 1802 ~ 1860) : 헝가리의 천재 수학자. 볼프강 볼리야의 아들. 곡률이 음수인 비유클리드 기하학 체계를 완성하였으며, 복소수 체계를 엄밀하게 정립하였다.

ㅅ

사빌 (Sir Henry Savile, 1549 ~ 1622) : 영국의 학자. 성경 및 고전들의 번역에 많은 업적을 남겼다.

사체리 (Giovanni Girolamo Saccheri, 1667 ~ 1733) : 이탈리아의 예수회 신부, 신학자, 철학자, 수학자. 평행선 공리를 깊게 연구하여 비유클리드 기하학의 가능성을 열었다.

세레누스 (Serenus of Antinoeia, 300 ~ 360) : 로마 제국 시대의 수학자. 아폴로니우스의 [원뿔곡선]에 대한 해설을 썼으며, [De sectione cylindri]를 저술하였다.

쇼튼 (Heinrich Georg Leonhard Schotten, 1856 ~ 1939) : 독일의 수학자.

쇼펜하우어 (Arthur Schopenhauer, 1788 ~ 1860) : 독일의 철학자.

슈마커 (Heinrich Christian Schumacher, 1780 ~ 1850) : 독일, 덴마크의 천문학자.

슈바이카르트 (Ferdinand Karl Schweikart, 1780 ~ 1857) : 독일의 법률가, 수학자.

스카버 (Chales Scarburgh, 1615 ~ 1694) : 영국의 의사, 수학자. 국왕의 주치의로서, 여러 명의 국왕들을 모셨다.

스키아파렐리 (Giovanni Schiaparelli, 1835 ~ 1910) : 이탈리아의 천문학자, 과학사학자. 화성의 운하를 발견한 것으로 유명하다.

스타이너 (Jakob Steiner, 1796 ~ 1863) : 스위스의 수학자.

스타인 (Johann Peter Wilhelm Stein, 1796 ~ 1831) : 독일의 수학자.

스태켈 (Paul Gustav Samuel Stäckel, 1862 ~ 1919) : 독일의 수학자. 미분기하학, 정수론, 비유클리드 기하학을 연구하였다.

시리아누스 (Syrianus, ? ~ 437) : 로마 제국 시대의 신플라톤주의 철학자. 플라톤, 아리스토텔레스의 저술들에 대하여 많은 해설을 남겼다.

시몬 (Maximilian Simon, 1844 ~ 1918) : 독일의 수학자, 수학사학자.

시미아스 (Simmias of Thebes, ? ~ 서기전 4, 5세기 무렵) : 고대 그리스의 철학자. 소크라테스의 제자. 플라톤의 저술에서 소크라테스의 대화 상대로 등장한다.

심슨 (Robert Simson, 1687 ~ 1768) : 스코틀랜드 수학자. 글래스고우 대학 교수. 1756년에 [기하학 원론]의 앞부분 여섯 권을 영어와 라틴어로 번역, 출판하였으며, 1762년에 유클리드의 [Data]를 출판하였다. 이 책들은 영국에서 유클리드의 표준 교재로서 오랜 세월 널리 사용되었다.

심플리치우스 (Simplicius of Cilicia, 490 ~ 560) : 로마 제국 시대의 신플라톤주의 철학자. 고대의 마지막 위대한 철학자로서, 아리스토텔레스의 저술들에 대하여 많은 해설을 남겼다.

ㅇ

아르키메데스 (Archimedes, B.C. 287 ~ B.C. 212) : 고대 그리스의 위대한 수학자, 물리학자. 뉴턴, 가우스와 더불어 역사상 가장 위대한 3대 수학자로 간주된다. 소진법을 사용하여 정적분의 기법을 완성하였으며, 구의 부피와 겉넓이를 구하였다. [구와 원기둥], [포물선 도형의 넓이], [평면들의 평형], [원뿔과 회전체], [원의 측정], [모래알 세기], [Method] 등등의 저서를 남겼다.

아리스토텔레스 (Aristoteles, B.C. 384 ~ B.C. 322) : 고대 그리스의 위대한 철학자. 플라톤의 제자. [형이상학], [자연학], [천체론], [영혼에 관하여], [변증론], [문제집], [범주론], [분석론 전서], [분석론 후서], [기상학], [니코마쿠스 윤리학] 등등 많은 저서를 남겼다.

아말디 (Ugo Amaldi, 1875 ~ 1957) : 이탈리아의 수학자.

아폴로니우스 (Apollonius of Perga, 서기전 3세기말 무렵) : 고대 그리스의 수학자. 원뿔곡선을 연구한 것으로 유명하다.

안나이리치 (an-Nairizi, 865 ~ 922) : 중동 바그다드의 기하학자, 천문학자. 유클리드, 프톨레미의 저술들을 편찬, 해설하였다.

엔리케 (Federigo Enriques, 1871 ~ 1946) : 이탈리아의 수학자.

엥겔 (Friedrich Engel, 1861 ~ 1941) : 독일의 수학자.

왈리스 (John Wallis, 1616 ~ 1703) : 영국의 성직자, 수학자. 미분적분학의 발전에 기여하였다.

워피츠키 (Julius Daniel Theodor Worpitzky, 1835 ~ 1895) : 독일의 수학자.

웨버 (Von Heinrich Martin Weber, 1842 ~ 1913) : 독일의 수학자.

웰스타인 (Josef Wellstein, 1869 ~ 1919) : 독일의 수학자.

유데무스 (Eudemus of Rhodes, B.C. 370 ~ B.C. 300) : 고대 그리스의 철학자. 아리스토텔레스의 제자. 아리스토텔레스의 저작들을 편찬하였으며, [기하학의 역사], [산술학의 역사], [천문학의 역사]를 저술하였다.

유독수스 (Eudoxus of Cnidus, B.C. 390 ~ B.C. 337) : 고대 그리스의 철학자, 수학자. 플라톤의 제자. 유리수들로써 같이 잴 수 없는 양들에 대해서도 적용할 수 있는 올바른 비율 이론을 정립하였다.

유토키우스 (Eutocius of Ascalon, 480 ~ 540) : 팔레스타인 출생의 수학자. 아르키메데스, 아폴로니우스의 저작들에 대한 주석을 남겼다.

융거 (Ephraim Salomon Unger, 1789 ~ 1870) : 독일의 유태인 수학자.

ㅈ

제노도루스 (Zenodorus, B.C. 200 ~ B.C. 140) : 고대 그리스의 수학자.

제논 (Zenon of Sidon, B.C. 150 ~ B.C. 75) : 고대 그리스 시돈의 쾌락주의 철학자.

제미누스 (Geminus of Rhodes, ? ~ 서기전 1세기 무렵) : 고대 그리스의 수학자, 천문학자. 그의 저서는 사라지고 없지만, 프로클루스, 유토키우스 등등 후대 학자들의 저서들을 통해서 그 내용이 전해 내려온다.

지오다노 (Giordano Vitale, 1633 ~ 1711) : 이탈리아의 수학자. 유클리드의 평행선 공리를 연구하였다.

ㅋ

카펠라 (Martianus Capella, ? ~ 420) : 로마 제국 시대의 저술가. 여러 분야에 걸친 많은 책들을 저술하였으며, 그의 책들은 중세의 교육에 크게 영향을 끼쳤다.

카푸스 (Carpus of Antioch) : 고대 그리스의 수학자. 생몰 연대 불확실함.

케플러 (Johannes Kepler, 1571 ~ 1630) : 독일의 수학자, 천문학자, 점성술가. 행성 운행에 관한 '케플러의 법칙'들을 발견하였다.

크래프트 (Georg Wolfgang Krafft, 1701 ~ 1754) : 독일의 수학자, 물리학자.

크렐레 (August Leopold Crelle, 1780 ~ 1855) : 독일의 수학자.

클라롯 (Alexis Claude Clairaut, 1713 ~ 1765) : 프랑스의 수학자, 천문학자, 지구과학자. 뉴턴 [프린키피아]의 이론들을 확증하는 데 공헌하였다.

클라비우스 (Christopher Clavius, 1538 ~ 1612) : 독일의 예수회 신부, 수학자, 천문학자. 1574년에 [기하학 원론]을 편찬, 출판하였다.

클뤼겔 (Georg Simon Klügel, 1739 ~ 1812) : 독일의 수학자, 물리학자.

킬링 (Wilhelm Karl Joseph Killing, 1847 ~ 1923) : 독일의 수학자. 리 대수학, 리 그룹, 비유클리드 기하학에 크게 기여하였다.

ㅌ

탄네리 (Paul Tannery, 1843 ~ 1904) : 프랑스의 수학자, 수학사학자.

탈레스 (Thales of Miletus, B.C. 624 ~ B.C. 546) : 고대 그리스의 수학자, 철학자, 천문학자. 고대 그리스의 칠현인 중의 한 명이며, 서양 문명에서 최초의 철학자, 과학자로 간주된다.

테온 (Theon of Smyrna, ? ~ 서기 100년 무렵) : 고대 그리스의 철학자, 수학자. 플라톤 철학에 대한 해설을 남겼다.

테온 (Theon of Alexandria, 335 ~ 405) : 로마 제국 시대, 이집트 알렉산드리아의 수학자. [기하학 원론]을 편찬하였으며, 유클리드, 프톨레미의 저작들에 대해서 해설을 남겼다.

토드헌터 (Isaac Todhunter, 1820 ~ 1884) : 영국의 수학자, 수학사학자.

토리누스 (Franz Adolph Taurinus, 1794 ~ 1874) : 독일의 수학자. 비유클리드 기하학을 연구하였다.

티마에우스 (Timaeus of Locri) : 고대 그리스의 철학자. 플라톤의 [티마에우스]에 등장하지만, 실존 인물인지 여부는 확실하지 않다.

ㅍ

파르메니데스 (Parmenides of Elea, 서기전 5세기 무렵) : 고대 그리스의 철학자.

파쉬 (Moritz Pasch, 1843 ~ 1930) : 독일의 수학자. 유클리드 기하학의 근본을 엄밀하게 연구하여서, [기하학 원론]에 여러 가지 묵시적 가정들을 사용하였음을 밝혔다. 선험적 경험에서 유래하는 묵시적 가정들을 버리고, 공리들만을 바탕으로 엄밀하게 기하학 체계를 구성할 것을 주장하였다.

파푸스 (Pappus of Alexandria, 290 ~ 350) : 로마 제국 시대, 이집트 알렉산드리아의 수학자. 고대의 마지막 위대한 수학자로서, 여러 수학 분야를 망라한 방대한 저작을 남겼다.

페르세우스 (Perseus, 서기전 2세기 중반) : 고대 그리스의 수학자. 스피릭 곡선을 발견하였다.

포시도니우스 (Posidonius of Apameia, B.C. 135 ~ B.C. 51) : 고대 그리스의 철학자, 수학자, 천문학자, 정치인, 역사가.

푸리에 (Jean-Baptiste Joseph Fourier, 1768 ~ 1830) : 프랑스의 수학자, 물리학자. '푸리에 급수'로 유명하며, '온실효과'를 최초로 발견하였다.

프랭클랜드 (William Barrett Frankland, 1875 ~ ?) : 영국의 수학자.

프로클루스 (Proclus Lycaeus, 412 ~ 485) : 신플라톤주의 철학자. 고대의 마지막 위대한 철학자 중의 한 명이며, 신플라톤주의 철학을 완성하였다. 중세 서양 철학에 크게 영향을 끼쳤다.

프톨레미 (Claudius Ptolemy, 100 ~ 170) : 로마 제국 시대, 이집트 알렉

산드리아의 위대한 천문학자. [알마게스트]를 저술하였다.

플라톤 (Platon, B.C. 428 ~ B.C. 348) : 고대 그리스의 위대한 철학자. 소크라테스의 제자, 아리스토텔레스의 스승. 아테네에 아카데미를 설립하였으며, 철인 정치를 주장하였다. [테아에테투스], [소피스트], [법률], [국가론] 등등의 저서를 남겼다.

플레이데러 (Christoph Friedrich von Pfleiderer, 1736 ~ 1821) : 독일의 수학자, 천문학자.

플레이페어 (John Playfair, 1748 ~ 1819) : 스코틀랜드의 과학자, 수학자. 유클리드의 평행선 공리와 동등한 '플레이페어 공리'를 제시한 것으로 유명하다.

플루타크 (Lucius Mestrius Plutarch, 46 ~ 120) : 로마 제국 시대의 철학자, 역사가. 그리스와 로마의 위인들을 비교하여 기술한 [플루타크 영웅전]으로 유명하다.

피타고라스 (Pythagoras of Samos, B.C. 570 ~ B.C. 495) : 고대 그리스의 위대한 수학자, 철학자. 그의 사상은 플라톤에 의해 계승되어 서양 철학에 지대한 영향을 끼쳤다. 수학에서는 '피타고라스의 정리'로 유명하다.

필로포누스 (John Philoponus, 490 ~ 570) : 알렉산드리아의 철학자. 아리스토텔레스에 대하여 많은 해설을 남겼다.

ㅎ

하이베르그 (Johan Ludvig Heiberg, 1854 ~ 1928) : 덴마크의 역사가, 고문헌학자. [기하학 원론]을 번역, 편찬하였다.

헤론 (Heron of Alexandria, 10 ~ 70) : 로마 제국 시대, 이집트 알렉산드리아의 수학자, 공학자.

헬름홀츠 (Hermann von Helmholtz, 1821 ~ 1894) : 독일의 물리학자.

호우엘 (Jules Hoüel, 1823 ~ 1886) : 프랑스의 수학자.

힌덴부르그 (Carl Friedrich Hindenburg, 1741 ~ 1808) : 독일의 수학자. 독일에서 최초로 수학 저널의 발간을 조직하였으며, 람베르트의 논문을 정리하여 저널에 발표하였다.

힐베르트 (David Hilbert, 1862 ~ 1943) : 현대 독일의 위대한 수학자.

제2판

기하학원론 ㉮ 제1권 (상)

제2판발행 2024년 10월 15일

지은이 유클리드
옮긴이 이무현
펴낸이 오판근
펴낸곳 (주) 교우
주　소 서울시 동대문구 약령시로 8 교우빌딩 2층 (주)교우
전　화 02-925-2861 / **팩　스** 02-925-2860, **편집부** 02-925-2825
홈페이지&북스토어 www.kyowoo.co.kr / **이메일** kyowoo@kyowoo.co.kr

등　록 1994년 3월 24일 제1994-000013호
ISBN 979-11-251-0242-7(44410)　/ 979-11-251-0241-0 (세트)

Published by Kyowoo Co., Ltd. Printed in Korea

(주) 교우는 보다 혁신적이고 참신한 도서를 다양하게 기획하고 있습니다.
책으로 펴내고자 하는 아이디어나 원고는 메일로 보내주세요.
(주) 교우는 전과정을 책임지고 최선을 다하겠습니다.

값 19,000원

교우미디어는 (주) 교우의 Imprint 사입니다.
수학정원·과학정원은 (주) 교우의 새로운 브랜드명입니다.

잘못된 책은 구입하신 서점에서 교환해 드립니다.